U0901565

小公司里学会如何工作 大公司里学会怎样做人

做事和做人是统一的

没有做不好的事　只有做不好的人

会做人做好人，上下协同才会人人欢迎；

能做事做好事，左右逢源就能事事成功。

戴志军　杨鼎家◎著

企业管理出版社
EMPH
ENTERPRISE MANAGEMENT PUBLISHING HOUSE

图书在版编目(CIP)数据

小公司里学会如何工作 大公司里学会怎样做人/戴志军,杨鼎家著.
—北京:企业管理出版社,2013.4

ISBN 978-7-5164-0287-0

Ⅰ.①小… Ⅱ.①戴…②杨… Ⅲ.①成功心理－通俗读物
Ⅳ.①B848.4－49

中国版本图书馆 CIP 数据核字(2013)第 052801 号

书　　名:小公司里学会如何工作 大公司里学会怎样做人
作　　者:戴志军　杨鼎家
责任编辑:尤　颖
书　　号:ISBN 978-7-5164-0287-0
出版发行:企业管理出版社
地　　址:北京市海淀区紫竹院南路 17 号　　邮编:100048
网　　址:http://www.emph.cn
电　　话:总编室(010)68701719　发行部(010)68414644　编辑部(010)68414643
电子信箱:80147@sina.com
印　　刷:北京市德美印刷厂
经　　销:新华书店
规　　格:170 毫米×240 毫米　16 开本　14 印张　198 千字
版　　次:2013 年 4 月第 1 版　2013 年 4 月第 1 次印刷
定　　价:32.00 元

前言

大多数人一生中总有给人打工的经历，那么，在大公司与小公司有什么区别吗？联想总裁柳传志一语道破了天机，那就是“小公司里会工作，大公司里会做人”。为什么大公司里有的人很聪明，也很能干，却是一辈子碌碌无为？因为他不会做人。为什么小公司里有的人够努力，也够勤劳，偏偏就一事无成？因为他不会工作。因此，无论在哪里，都要会做人会工作。

一个人选择大公司还是小公司这取决于自身的性格。如果你是一个成熟的、独立的且爱边干边学的人，那么小公司也许更适合你。在小公司中，由于主管期望每一个职员都竭尽其能，所以这样你就能接触到如何运作一个企业的全过程。而这既是你与管理层人员接触的好机会，也是你成为他们中的一员，甚至获得更快晋升的机会。如果你是一个喜欢接受挑战的人，那么在大公司里，你与同事之间的合作与竞争会使你在工作中得到全方位的锻炼。另外，在大公司工作，你会得到很多资源和正式培训的机会。相对于小公司而言，大公司会提供你更多的发展时间与空间。无论是小公司还是大公司，都无疑是一条通往成功的途径。

在小公司里只有全力以赴的人，才是企业最宝贵的财富。任何一名小公司员工，对公司负责就是对自己负责，在享受公司给自己带来荣誉的同时，也不要忘记对公司的责任。勇于负责，你的价值才会体现出来。对于小公司员工来说，唯有具备高度的责任感，认真做好本职工作，发扬主人翁精神，为企业发展献计献策，才能实现自己的人生和事业目标。

在大公司里，单凭一个人是无法完成一个有规模的项目的。每个员工都应该具备团队精神，融入团队，在尽自己本职的同时，与团队其他成员协同合作。只有公司不断发展壮大，我们自己才能有所发展。大公司的员工想登上成功的顶峰，就必须要放下身段、放低自己。这既是我们对自己的理智审视，也是我们对别人更为温和的尊敬。会做人，才能助你在大公司游刃有余。锋芒毕露只会使我们陷入争斗中，阻碍事业的发展。只有踏实做人，不过度张扬，才能够在职场中远离是非，才能够得到更多人的帮助。

你是选择大公司还是小公司，最重要的原则是要看哪一个环境最适合你自己的个性、处事风格、学习事物以及个人的发展。不论在大公司还是小公司，成长才是硬道理。很多人之所以一辈子都碌碌无为，那是因为他活了一辈子都没有弄明白在小公司里如何工作，在大公司里怎样做人。在职场中做人是一门学问，工作是一门艺术。学会做人，学会工作固然没有一定的法则和标准，但它存在一定的通则，有着一定的技巧与规律。无论你的智商有多高，无论你的背景有多好，如果你不懂得这些技巧，那么你最终的结局肯定是失败。本书以生动的语言和丰富的故事深入浅出地向你展示了工作中最直接、最有效的做人和工作的艺术，希望本书能带给你一个全新的收获。

目录

Contents

上篇　小公司敬业工作，敬业才能乐业

敬业是一种美德，乐业是一种境界。在小公司里，敬业的员工总是乐于从事自己的工作，对自己的职业充满兴趣。把工作当成自己的事，充分发挥自己的聪明才智，处处以敬业的精神来工作，才能做出自己的那一份精彩。

第一章　热忱敬业，小公司里要有全力以赴的工作态度

成功与其说是取决于人的才能，不如说取决于人的热忱敬业。在小公司里只有全力以赴的人，才是企业最宝贵的财富。小公司里缺乏热忱敬业的员工一定是一个没精打采的人，即使所有的机会都来到身边，他也会稀里糊涂地与它们失之交臂。

第二章　敢于负责，小公司里工作不负责就会被淘汰

任何一名小公司员工，对公司负责就是对自己负责，在享受公司给自己带来荣誉的同时，也不要忘记对公司的责任。勇于负责，你的价值才会体现出来。对于小公司员工来说，唯有具备高度的责任感，认真做好本职工作，才能够在工作中担当起自己的责任，在每个工作环节中都会努力做到尽善尽美，保质保量地完成工作任务。

第三章 忠诚可靠,小公司里做一个让老板放心的员工

在这个世界上,并不缺乏有能力的人,但只有那种既有能力又忠诚的人,才是每一个老板渴求的理想人才。作为小公司员工,就应该用行动表示你对公司的忠诚,敬重自己的工作,这样才能得到老板的赏识。表达自己对公司的忠诚,是员工获取老板信任、获得广阔发展空间的前提条件。

第四章 努力思考,小公司里要学会为工作献计献策

工作中必然遇到这样那样的问题和困难,作为小公司的员工不应该逃避,而是要迎难而上,出主意想办法解决问题,战胜困难。小公司作为一个经营实体,必须依靠每一位员工都发扬主人翁精神,为企业发展献计献策。只有把公司的事当作自己的事,贡献自己的力量和才智,解决每一个问题,才能把工作做好。

第五章　拒绝浮躁，小公司的每一份工作都要认真对待

一个员工能不能做好工作，要看他对待工作的态度。在这个物欲横流的时代，浮躁之风也在职场上蔓延。许多人工作三心二意，马马虎虎，根本不想脚踏实地干事，这对工作、对个人的害处都很大，必须改正。作为小公司员工要拒绝浮躁，认认真真地去做好每一件事。只有将工作处理得尽善尽美，稳步地向高处迈进，才能实现自己的人生和事业目标。

第六章　天道酬勤，小公司里多一份付出才能多一份的收获

有付出就会有回报。努力做好每一件事情，力争高效地完成，不是为了看到老板的笑脸，而是为了自身的不断进步。在职的每一天都充满着机会，小公司员工只要不懈努力、不断地充实完善自己，尽心尽力地工作，实际上你已经为未来某一时间创造出了一个成功的机会，一定会有美好结果。

下篇　大公司踏实做人，踏实才能成功

做人要踏实，一步一个脚印，方可站得更牢。在大公司里，一个人想要创造出一片自己的天地，首先要学会踏实做人。踏实，才是做人的大智慧，成功的大前提。只有踏实本分的人，才能将本职工作做好，才能攀上事业的一个又一个新高峰。

第七章　遵守纪律，大公司里要时刻绷紧纪律这根弦

一支没有纪律的队伍，只是一群乌合之众，就像一堆散落零乱的货物；纪律严明的组织，才能彰显其强大的势能和威力，才能成为一支令对手闻风丧胆的强大队伍。在日趋激烈的市场竞争中，大公司的每个成员都必须严格遵守纪律，谁也不能凌驾于纪律之上。

第八章　谨言慎行，大公司里多做事情少议论是非

大公司的员工要想登上成功的顶峰，就必须要放下身段、放低自己。这既是我们对自己的理智审视，也是我们做人的智慧。谨言慎行，才能助你在大公司里游刃有余。锋芒毕露只会使我们陷入职场争斗中，阻碍事业的发展。只有踏实做人，不过度张扬，才能够在职场中远离是非，才能够得到更多人的帮助。

第九章　诚信为本，大公司里真诚待人才能赢得信赖

诚信为做人之本。生活经验告诉我们，不讲诚信的人可以欺人一时，但不能欺人一世，一旦被人识破，他就难以在社会上立足，其结果既伤害别人，也伤害自己。为人诚实，言而有信，能得到别人的信任。也是自身道德的升华。作为大公司的员工以诚立身，讲究信用，才能守法守约，才能妥善处理好人与人之间的关系。

第十章　提升能力,大公司里要用工作业绩证明你的实力

无论从事什么职业总要有一定能力作保证。在大公司里,能力是一个人立足的根本,是一个人的核心竞争力,是立于不败之地的法宝。大公司员工只有不断地学习,增强职业工作能力,具备“一专多能”“多面手”的更高层次的工作能力才能创造业绩,才会受人尊重。

第十一章　通力合作,大公司里不懂合作就无法做好工作

大公司分工精细,员工必须以实现团队目标为中心。团队的命运和利益包含了每一个成员的命运和利益,没有一个人可以使自己的命运和利益与团队相脱节。只有整个团队获得更多的利益,个人才有望得到更多的利益。因此,每个员工都应该具备团队精神,融入团队,在尽自己本职的同时,与团队其他成员协同合作。只有公司不断地发展壮大,我们自己才能有所发展。

第十二章　宽容大度，大公司里多一分宽容就少一分纷争

大公司做人要宽容。宽容是一种素质，一种情操，一种美德。宽容不是懦弱、胆怯，而是大度与包容。宽容是对他人的最大鼓励和尊重。每一个人宽容一点，大度一点，我们的生活就会更为精彩、和谐和美好！学会宽容，你将活得更美好，人生更有意义。

上篇

小公司敬业工作,敬业才能乐业

敬业是一种美德,乐业是一种境界。在小公司里,敬业的员工总是乐于从事自己的工作,对自己的职业充满兴趣。把工作当成自己的事,充分发挥自己的聪明才智,处处以敬业的精神来工作,才能做出自己的那一份精彩。

第一章　热忱敬业，小公司里要有全力以赴的工作态度

成功与其说是取决于人的才能，不如说取决于人的热忱敬业。在小公司里只有全力以赴的人，才是企业最宝贵的财富。小公司里缺乏热忱敬业的员工一定是一个没精打采的人，即使所有的机会都来到身边，他也会稀里糊涂地与它们失之交臂。

1. 小公司里敬业才能立业

在小公司里，有不少员工抱有这样的想法：为企业打工，是为老板赚钱。反正到头来还是为别人干活，又何必那样拼命呢？工作能过得去就行了，多一事不如少一事，交得了差就可以了。反正公司也不会因为我而亏了，就算亏了，又不用我负责。其实，这样的想法和做法完全是一种不负责任，缺乏敬业精神的表现，且鼠目寸光，损人不利己。

敬业是做好工作的前提条件。在小公司里，勤奋敬业的人不仅能获得上司的赏识，还可以获得他人的尊重。所以，小公司需要你实干敬业。“敬业”的本义就是敬重、尊敬自己的工作，把工作当成自己的事，每一件事无论大小贵贱都认真去做。其具体表现为勤勉尽责、一丝不苟、善始善终，这其中糅合了一种使命感和道德责任感。这种敬业精神就是最基本

的处世之道。没有敬业精神,做不好工作,你又怎么能立业。

在一家酒店里,一位员工接到一位台湾客人的电话,说自己不慎在酒店里遗落了一包回家祭祖时从祖坟上带来的泥土,这包故土对于他来说非常珍贵,请工作人员一定要帮他找到。于是,这位员工翻遍酒店所有的垃圾袋,最后找到了那包泥土。毫无疑问,那位台湾客人自然非常感激。

这个故事突出体现了酒店员工的敬业精神。敬业才能立业。敬业是公司的需求,同时也是员工对自己未来负责的一种表现。一个公司如果员工不敬业就无法给顾客提供高质量的服务。任何一个想在市场竞争中立于不败之地的公司,都必须有一大批敬业的员工。敬业是立业的前提和基础,是员工必备的职业道德品质。有了敬业精神,员工才能有立业之志,有立业之能,才能增立业之才。任何一个公司,如果没有敬业精神做支柱,那么这个公司倒闭是早晚的事情;任何一名员工,如果缺乏敬业精神,那么他丢掉工作也是迟早的事情。

许杰毕业于一个著名的中医学院。中医治病经验很重要,但许杰在学校时,只研究中医理论,临床经验不足。由于竞争激烈的缘故,刚踏出校门的他只好“屈就”到一家社区医院工作。由于医院主要缺乏一线临床大夫、药剂师等人才,所以许杰被安排到门诊部实习,而他认为这简直是浪费人才。他想即使做不了理论权威,至少还可以做做领导什么的。当然,不服归不服,他最终屈从于现实,怀着选错了专业的懊悔,极不情愿地去了。可是,许杰干了几天就感到索然无味,那些一板一眼的老中医、难闻的中药味道、烦琐的诊断和单调的生活都让他非常不舒服,他整天怨天尤人,抱怨工作,厌烦生活。几个月过去了,他依然连中医最基本的“望、闻、问、切”都不会,连病人的脉搏都找不准,更别说去开出一张像样的药方了。更过分的是,许杰非但没有意识到自己的“眼高手低”,反而处处摆出名牌大学毕业生的派头,议论领导有眼无珠,感叹自己怀才不遇。结果,自然是许杰被门诊部扫地出门。

在小公司里，我们在工作中可以发现许多“不顺利”的人，他们一个个牢骚满腹，因为对工作心存不满而自暴自弃、得过且过。事实上他们所抱怨的并不是导致他们失业的最主要原因。恰恰相反，这种抱怨的行为刚好说明，他们倒霉的处境是自己不敬业所造成的。因此，一个人要想在职场上取得成功，就必须改变自己对工作的态度，无论做什么事情，都要敬业。

林海燕是广东省某个彩票卖点的普通员工，虽然工作内容简单而无趣，但她总是每天都坚守在自己的岗位上。一天，一位常来林海燕所在卖点买彩票的先生给她打来电话，说自己在外地出差并委托她代买 707 元的彩票，等出差回来就把钱还给她，而且即使一注都没中也不会责怪林海燕。于是，林海燕真的为这位先生随机买下了 707 元的彩票。

没想到的是，林海燕为这位先生随机买的彩票却中了大奖 518 万元。人们纷纷向林海燕表示祝贺，羡慕不已。然而，出乎所有人的意料，林海燕马上就给那位先生打去了电话，告知了此事，并催他赶紧回来领奖。那位先生接到电话后，一怔，以为是林海燕与他开玩笑，因此并没有在意。等他出差回来给林海燕还 707 元钱的时候，却见林海燕将一张彩票放到了他的手中：“先生，您的彩票，赶紧去兑奖吧！”

林海燕的敬业精神值得我们学习。一份职业，一个工作岗位，都是一个人赖以生存和发展的基础保障。同时，一个工作岗位的存在，往往也是人类社会存在和发展的需要。所以，敬业不仅是个人生存和发展的需要，也是社会存在和发展的需要。在小公司里，敬业是立业之基。在事业发展中，有了敬业精神我们才会深深地喜欢上我们所从事的职业。

被誉为“世界上最伟大的推销员”的乔·吉拉德在被问及如何成为一名好的推销员时，他是这样说的：“要热爱自己的职业。”1963年，25岁的吉拉德从事的建筑生意失败，身背巨额债务，几乎走投无路。后来他只有改行，去卖汽车。开始时他并没有把推销员这份工作放在眼里，只是把它当作生存手段。当他第一天经过努力卖掉了一辆汽车后，他内心的想法完全改变了。他掸掸身上的灰尘，咬牙切齿地对自己说：“就这样，好好地干，你一定会东山再起的！”从此以后，吉拉德把心思全用在了工作上。用废寝忘食一词来形容他对待工作的态度一点不为过。

一次，妻子打来电话，说他们的小儿子住进了医院，让他赶快过去。当吉拉德匆忙换下工作服准备离开时，一位顾客找上门来，说刚买的汽车刹车不好使，要求他尽快给调一下。吉拉德二话没说，立即又换上工作服钻进了车底，一干就是几个小时。当他拖着疲惫的身体赶到医院时，妻子已经搂着儿子进入了梦乡。他没有惊动他们母子，在病房的墙角蹲了一夜，第二天便又早早地去上班了。

就在吉拉德一个月没有卖出一辆汽车时，他也没有失望，多年的经验和教训告诉他，所有的工作都会有难度，都会出现这样或那样的问题，如果一遇到问题就缩头退让，或者一次接一次地跳槽，情况有可能会越来越糟。他常把对待工作的态度形容成一个人种下的一棵树，从种下去开始，只要你精心呵护，倾注你的热情，该浇水时浇水，该剪枝时剪枝，到它慢慢长大，就会给你回报。

可见，在小公司里，敬业的最大的受益者是你自己。一个敬业爱岗的人，从事任何行业都能比别人做得更出色，也更容易成功。即使你是一个很平凡、很普通的人，也能找到实现自己价值的舞台，永远不会失业。

2.

敬业的员工能给老板留下好印象

现在无论是大公司，还是小公司，都是要求自己的员工要敬业。表现你的敬业精神，是给老板留下好印象的最佳方法。任何老板都喜欢自己的员工对工作兢兢业业，都希望自己的员工具有敬业精神。

日本著名企业家土光敏夫在担任东芝株式会社社长时对员工的要求很高，他认为：为了事业的人请来，为了工资的人请走。能够因为事业的价值聚集在一起的人才能真正把事业做大，即使企业面临困境时，这些人也会和企业风雨同舟，荣辱与共。而那些因为工资而来的人，只是看重企业的福利和待遇，并不是企业本身对他有吸引力，如果有一天，公司出现困难，他们肯定会拍拍屁股走人，因为他们想要的东西公司已经不能再给予他们了。他们自然会到一个能够给他们带来物质满足的企业，但绝不是现在的企业。这就是敬业和不敬业的区别。

敬业是一种责任精神的体现，一个对自己工作有敬业精神的人，才会真正地为企业的发展做出贡献。在小公司里，如果缺乏敬业精神，整天懒懒散散、拖拖拉拉，这只会加深老板对你的不满，有百害而无一利。与此相反，如果你能在别人都缺乏敬业精神的情况下兢兢业业、踏踏实实地埋头苦干，以敬业者的身影出现，那么你就很可能会得到老板的提拔和重用，从而改变你的现状。所以，一定要表现出自己的敬业精神来。

严正风本科毕业后，在一家研究所工作。这家研究所的工作人员大多是硕士和博士学位，与他们相比，严正风的学历明显低了一等，因此他觉得工作压力很大。可是工作一段时间后，他发现里面大多数人不敬业，对本职工作不认真，在工作岗位上，他们要么就是玩乐，要么就是私下搞自己的“第三产业”。严正风恰好与他们相反，他每天埋头苦干，不久后，他的业务水平得到了很大的提高，成了所里的“顶梁柱”，逐渐受到所长的重用。时间一长，所长看出了严正风对待工作的态度，便把他提升为副所长。

敬业精神，在职业生涯发展道路上，直接决定了职业发展的高度。不管你从事什么样的职业，唯有敬业，才能在自己的领域里出类拔萃，才能实现自己的人生价值。在我们的企业里，员工缺乏的并非智慧和能力。实际上，现在有才华的年轻人非常多，可是，为什么一方面很多企业招不到优秀的人才，而另一方面却有很多人还是找不到工作呢？最重要的原因，就是我们大多数年轻人缺乏敬业精神。我们经常会听到领导发出这样的感慨：“现在的员工越来越不敬业了，工作时总是漫不经心，一旦犯了错误还不能说，要求一严就只会想到辞职……”等说法。

小静是某IT公司的一名高级经理助理，工作非常悠闲。或许正是因为习惯了这样悠闲的工作，进入公司一年多她始终没能让自己变得勤快起来。小静是个很容易满足的人，她没有别人的野心，虽然职位没有任何的升迁迹象，但小静却很想得开：现在这工作清闲，偷懒了也没人知道，每个月到日期领工资就行，多自在啊。

这天，公司开招标会，所有供应商们都来了，公司的领导和职员们都忙成一团。小静的直属上司也在干着体力活——捧着一大摞标书，一份一份地向与会的人员分发。同事觉得奇怪，这位高级经理不是有助理的吗，为什么还要亲自来发标书呢？一问才知道，原来这位高级经理的助手小静正有另外一个预案需要处理，因此没能过来帮忙。然而，当同事们走进办公室去休息时，却看到此时的小静正躲在办公室的角落里玩着手机游戏。不久，小静被通知解雇了。

一项研究数据显示，要想成功，如果没有超人的天分，那就必须要有过人的态度。要想成就自己的职业生涯，就必须有坚定的职业态度——敬业。在小公司里，不敬业的员工做事总是拖拖拉拉，只要能找到借口偷懒就会想尽一切办法让自己变得悠闲，还会在心里偷偷乐道："他们那群傻瓜，看我多悠闲，可我和你们拿的是一样的工资！"然而，不敬业的员工却不明白，这样的"悠闲"最终拖垮的并不是企业，也不是领导，而是自己的工作和前程。在小公司里，不敬业的员工总有一种侥幸心理，以为自己偷懒不敬业别人都不知道。其实，不管你多会隐瞒，有多能装，最后终究会被发现。因此，当你在偷奸耍滑的同时，也是在透支着自己的工作机会。

吴霄是一家私营企业的普通员工，但最近家里发生了一些事情，他必须辞职回家。因此，他提前一个月向上级提出了离职申请。

即使是在岗的最后一个月，吴霄仍然坚守自己的岗位，丝毫没有懈怠。他仍然像以前一样，比规定上班时间早到，事先做好各项工作准备；当事情较多需要加班时，他也没有半句怨言，每天都会把上级交代的工作按质按量地完成。除了完成自己的日常工作之外，吴霄还会主动地指导接班的同事，为了让接班的新同事能更快地上手，吴霄将自己平常的工作流程和注意事项都整理统计成了一个电子档案。等到最后快要离开单位时，他向曾经的合作单位一一打好招呼，并向接班的新同事做了一番详细的介绍。直到临走前，吴霄还是对这位接班的新同事千叮咛万嘱咐："如果有什么情况发生，有任何问题都可以随时给我打电话。"直到所有的衔接工作都安排妥当，吴霄终于放下心来。

吴霄所在部门的王经理将这一切看在眼里，记在心里，并将这一切上报了老总。听到自己公司有这么一位即使即将离开还如此爱岗敬业的员工，老总决定在吴霄离开之前与他谈一次。与吴霄交谈后这位老总发现，吴霄不仅对工作敬重，其专业技能更是少数人所不能比的，于是决定给吴霄处理家事的时间，而且其间也享有工资待遇，事情何时处理完成何时回来工作，并调任为王经理助理。

在竞争越来越激烈的小公司里，敬业是做好工作不可或缺的重要条件。敬业的员工一直都是企业争抢的对象,因为员工敬业的最直接结果是企业的不断发展。如果拥有敬业精神,工作尽心尽力尽责,那必然会受到老板的欢迎。而且,这种敬业精神也会感染其他员工,形成一种良好的工作氛围。所以,小公司里敬业的员工才是老板最倚重的员工,也是最容易取得成功的员工。

3. 平凡的是工作岗位,平庸的是工作态度

在小公司里工作,要想取得成功,态度是至关重要的。很多人在职场上之所以不会有太大的作为,原因就在于他们没有端正自己的工作态度。一个人的工作岗位可以平凡,但工作态度却不能平庸。

平凡和平庸,一字之差,差在觉悟和态度,差在习惯和行动,差在承担与逃避。作为小公司员工,可以平凡,但绝不能平庸。平庸是一个老迈的词汇,一个人平庸的原因只会是他的心态。一个平庸者,将永远是这个世界的看客,而自己一无所有。

美国独立企业联盟主席杰克·弗雷斯从13岁起就开始在父母的加油站工作。弗雷斯想学修车,但他父亲却坚持让他在前台接待顾客。当有汽车开进来时,弗雷斯必须在车子停稳前就站到司机门前,然后去检查油量、蓄电池、传动带、胶皮管和水箱。弗雷斯注意到,如果他干得好的话,顾客大多还会再来。于是弗雷斯总是多干一些,帮助顾客擦去车身、挡风玻璃和车灯上的污渍。

有一段时间,每周都有一位老太太开着她的车来清洗和打蜡。但是,她的车内踏板凹陷得很深,很难打扫,而且这位老太太极难打交道。每次当弗雷斯给她把车清洗好后，她都要再仔细检查一遍，如果发现有一丁点儿不干净的地方，就会让弗雷斯重新打扫，直到清除掉每一缕棉绒和灰尘，她才满意。终于有一次，弗雷斯忍无可忍，不愿意再接待她了。他的父亲告诫他说："孩子，记住，这就是你的工作！不管顾客说什么或做什么，你都要记住做好你的工作，并以应有的礼貌去对待顾客。"

父亲的话让弗雷斯深受震动，以致许多年以后他仍不能忘记。弗雷斯说："正是在加油站的工作使我学到了职业道德和应该如何对待顾客，这些东西在我以后的职业生涯中起到了非常重要的作用。"

在小公司里，一个人的工作态度折射着他的人生态度，而人生态度决定一个人一生的成就。无论在什么样的工作岗位上，做什么样的事情，都不能敷衍糊弄自己的工作。作为公司的一员，拿着公司的薪水，就应该把公司的事情当成自己的事情，以高度的敬业精神做好自己的工作，这样才能把自己的工作做好，得到老板的青睐，否则只会落于平庸。

小赵和小李是很要好的朋友，两人毕业后一同进了一家企业并被分在同一个车间里工作。但在对待工作的态度上却明显的不同。

每当下班的铃声响起，小赵总是第一个换上衣服，冲出厂房，而小李总是最后一个离开，他十分仔细地做完自己的工作，并且在车间里走一圈，看到没有问题后才离开车间。

有一天，小赵约小李一起喝酒，酒过三巡，小李对小赵说："你一下班就走，也不管工作做没做完，让我们感到很难堪。"

"为什么？"小赵有些疑惑不解。

"你让老板认为我们不够努力。"小李说。

小赵感到很惊讶，他说："我按时上下班有什么不对？要知道，我们不过是在为老板工作。"

"是的，我们是在为老板工作，但更是为自己的梦想而工作。"小李用力地回答道。

三年后，小赵正在为找一份新工作而奔波时，小李则以出色的工作表现成为了车间主任。

你看，工作对于每个人都是公平的，你付出多少辛劳，就会收获多少硕果。刚入公司，大家都站在同一起跑线上，而不同的工作态度却有着不同的结果。工作犹如在银行里储蓄，你好好工作，你就必将享受你的储蓄，获得愈来愈大的支取的权利。在小公司里，如果你不努力、不尽责，而只想支取，势必造成透支，透支欠下的债是早晚要还的。生活中我们经常会看到一些人不停地抱怨自己的工作枯燥、卑微，轻视自己所从事的工作，从而无法全身心地投入到工作当中去。他们在工作中敷衍塞责、得过且过，将大部分心思用在如何摆脱目前的工作环境上，这样的员工在任何地方都不会有成就。

马汉伟，浙江嘉兴铁路派出所民警，一个平凡岗位的坚守者，一个百姓平安的捍卫者，一个四等小站的普通线路民警，一个天天走两条钢轨、“混迹”于村民中的普通民警，在一个最平凡的岗位上执著地实现了自己卓越的不凡人生。

一个四等小站，一个平凡的铁路民警，却留下了许多令人难忘的故事——他背起遭遇车祸、血肉模糊的大娘奔向医院，救人于危难之中；他多方奔走协调，跑断了腿说破了嘴皮，为村民安全建起立交桥；他凭着自己的韧性坚持，协调各方修成了一条200米的便民小道，保障了铁路沿线村民的出行安全；他为了保障火车提速的安全，在动完手术之后就立即返回岗位……点点滴滴的事迹叙说了马汉伟30年的职业人生，也告诉我们一个普通人如何从平凡实现卓越的成长奥秘。

30年来，他先后被评为“十佳线路民警”“全路优秀人民警察”。30年间，除了两次动手术住进海宁医院，一次去领劳模荣誉，马汉伟从来没有离开过小站。“我待习惯了，我爱这个地方”。

30年间，小站变了又变，小站的建筑改建了，小站的职工更换了，只有马汉伟，像一道路标，始终默默而又严谨地矗立在斜桥站的站台上，精心呵护着这一方属于自己的净土。

平凡的是工作岗位，不平庸的是工作态度。马汉伟的人生正是如此。作为小公司员工，改变态度，努力培养自己爱岗敬业的精神，才能成为工作与生活中的赢家。如果能够做好每一件平凡的工作，在平凡的工作岗位上培养出自己敬业的精神，你就必定能够迈上自己事业的巅峰。

4. 用敬业之柴点燃激情之火

工作中，激情是一种强烈的、具有爆发性的情感。它的作用和意义在于以情感为动力，激发人的内在情愫，使人的生命时刻迸发出热情和力量，时刻处于锐意进取之中，朝着既定的目标不懈奋斗。在小公司里，对工作充满激情的员工，是最受欢迎的。工作中具有激情的员工，会有一种积极的工作状态，会将自己的全部热情都投入到工作中去，尽自己最大的努力帮助公司也帮助自己创造出更多的价值。

奈特是一家电脑公司的业务主管，这家公司的生意现在相当红火，员工的工作热情也非常高。但是，以前并非是这种情况。前段时间公司里的员工都厌倦了自己的工作，他们中许多人都已经做好了辞职的准备，但是奈特的到来改变了这一切。每天奈特第一个来到公司，并微笑着与每一位同事打招呼。工作时，他容光焕发，好像生活又焕然一新。在工作的过程中，他调动自己身上的潜力，开发新的工作方法。他对工作充满了激情，这种精神状态点燃了其他员工胸中的热情火焰。

在他的影响下，公司的员工也都早来晚走，斗志昂扬。纵然有时候腹中饥饿，他也舍不得离开自己的工作岗位。因为他始终保持着激情四射的工作状态，后来奈特被提拔到主管的位置上。在他的带领下，员工们也一个个充满了活力，共同为公司创造了巨大的利润。

激情是保证工作高效率的保鲜剂。激情对于一个小公司员工来说就如同生命一样重要。如果你失去了激情，那么你永远也不可能在职场中立足和成长。凭借激情，我们可以释放出潜在的巨大能量，补充身体的潜力，发展出一种坚强的个性；凭借激情，我们可以把枯燥乏味的工作变得生动有趣，使自己充满活力。

工作中的激情可以有效地激励你达到每天的工作目标，并能重燃成功的希望，推动我们不断前进，更上一层楼。有了工作激情，才会丰富工作成果，才能说明工作能力；没有工作激情，成天混日子，那么只会日渐消沉。

李泉、张超和魏晓东是一同进入公司的三名新员工。刚刚进入公司的三人对待工作都是激情十足，期待能够做出点像样的业绩来。但是，连续几个月过去了，三个人由于没有工作经验都没有取得什么成绩，反而在工作中犯了不少小错误。之后，他们不但没有努力解决工作上的问题，反而对工作失去了以往的热情，有了任务能拖就拖，不能拖就敷衍了事。

有一次，三个人正在茶水间里发牢骚，李泉说：“这工作越做越没劲，整天就这些破事。”张超也附和说：“可不是吗。”“哎，瞎混吧。”魏晓东也深有同感地说。而这一幕恰好被他们的领导看见。

不过领导没有当场批评三人，而是在第二天把三人叫到了办公室，给他们出了一道很有意思的题，让他们写出他们认为在公司里最好的同事，并解释为什么要写这个人。当他们把自己的答案交上去的时候，奇怪的事情发生了。三个人所选择的那位同事竟然是同一个人，而他们所给出的解释也很有意思。

李泉说：“每次他走进办公室的时候，给人的感觉总是容光焕发，好像生活又焕然一新。他人热情活泼，乐观开朗，总是非常振奋人心。”

张超说：“他不管在什么场合，做什么事情，都是尽其所能、全力以赴。”

魏晓东说：“他对工作总是不知疲倦，并充满激情地做到尽善尽美。”

领导看着他们给出的答案，禁不住笑了，并说道：“看来你们还真是英雄所见略同啊。你们三个人不仅写的是同一个人，给出的理由也都是因为他对待工作的热情。而且，我还可以告诉你们，办公室主任下个月就要调走了，而接替他的就是你们所写的这个人。因为他正如你们所写的那样，总是对工作充满激情，也正因为他对工作的无限激情，他的业绩也远远超过了其他的同事。所以，该怎么做，我想你们三个人心里应该明白了吧。”

美国著名经济学家罗宾斯曾给出过一个公式：人的价值＝人力资本×人的热情×人的能力。同时，他还指出：“一个优秀的员工，最重要的素质不是能力，而是对工作的热情，没有热情，工作就是一潭死水。”所以，在小公司里工作，那些对工作充满激情的人会显得尤为珍贵。有句古老的谚语这么说道：“湿火柴点不着火。”当你觉得工作乏味、无趣时，不是因为工作本身出了问题，而是因为你的“易燃指数”不够高。那么，我们怎样用激情点燃自己的事业呢？

第一，对工作、事业要充满热爱。一个缺乏激情的人，他的工作只能是消极和被动的，年复一年仍然没有大的事业。而对一个有激情的人，无论他从事什么工作，都会认为自己正在从事的工作是世界上最神圣、最崇高的职业，因而才能积极主动，充满热忱。

第二，全心全意地投入。干一行，爱一行，既然你选择了自己的职业，就要全心全意地投入进去，完全地投入，使你必然成功的信念更加坚定不移，你的激情因此而被激发，你的潜力和才能因此而得到彻底的挖掘和淋漓尽致的发挥。

5.追求乐业的境界,挖掘工作的乐趣

在小公司里,敬业是一种美德,乐业是一种境界。人的一生中,可以没有很大的名望,也可以没有很多的财富,但绝不可以没有工作的乐趣。敬业的员工总是乐于从事自己的工作,对自己的职业充满兴趣。因此,乐业是敬业的最佳诠释。

一天,有位学者在外散步,他看见一个警察愁眉苦脸,就问:"怎么了?有什么事情让你烦恼吗?"警察回答说:"我一天到晚的巡逻只有10美元,这样的工作简直是在浪费时间。"

这时,一个灰头土脸的扫烟囱的人走过来,学者觉得他很快乐,就问他:"你一天能有多少收入?"那人回答道:"3美元。"学者又问:"一天才拿3美元,你为什么这么快乐?"扫烟囱的人惊讶地说:"为什么不呢?"警察鄙视地说:"只有垃圾才爱干垃圾的工作。"学者严肃地说:"警察先生你错了,他在干着使自己愉悦的工作,但是你却每天被工作奴役着,他的人生一定比你更精彩!"

一个人对待自己的职业,要有敬业与乐业的精神。想把工作视为一种享受和快乐的事情,只有一种办法,就是快乐地工作。梁启超在《敬业与乐业》中讲道:"凡职业都是有趣味的,只要你肯继续做下去,趣味自然会发生。"每一项工作都充满着无限的乐趣,就看你怎么去发掘它。乐其业,对工作充满激情,始终保持良好的精神状态,是每一个小公司员工都应该具备的心态,也只有他们才能在对事业的执著追求中享受到工作所带来的愉悦和满足。

在小公司里,把工作当成一件快乐的事,正确面对工作中的困难,为自己不断注入前行的勇气，才能乐在工作。看一下阿尔伯特·哈伯德先生讲述的故事，你可能会对乐业有一种更深的理解：

几年前，我去巴黎参加研讨会，因为开会的地点不在我下榻的饭店，看地图研究许久，仍然不知该如何前往会场所在的宾馆。于是，我走到大厅的服务台，请教当班的服务人员。

这位身穿燕尾服、头戴高帽的服务人员，是位五六十岁的老先生，脸上有着法国人少有的灿烂笑容，他仪态优雅地摊开地图，仔细地写下路径指示，并带着我到门口，再对着马路比画宾馆的方向。

他的热忱及笑容让人如沐春风。原来公认冷漠的“法式服务”，也有如此动人的一面，我不禁在心里打了个惊叹号。

在致谢道别之际，他微笑有礼地回应：“不客气，祝你很顺利地找到会场。”接着他补充了一句：“我相信你一定会很满意那家饭店的服务，因为那儿的服务员是我的徒弟！”“太棒了！”我笑了起来，“没想到你还有徒弟！”

老先生脸上的笑容更灿烂了：“是啊，25 年了，我在这个工作上已经做了 25 年，培养出无以数计的徒弟，而且我敢保证我的徒弟每一个都是最优秀的服务员。”他的言语中流露出发自内心的骄傲。

我看着他，心里有一种很奇怪的感觉。“什么？都 25 年了，你一直站在饭店的大门口啊？”我不禁停下脚步，请教他乐此不疲的秘密。

老先生回答说：“我总认为，能在别人生命中发挥正面影响力，是很过瘾的事情。你想想看，每年有多少外地旅客来到巴黎观光，如果我的服务能帮助他们减少‘人生地不熟’的胆怯，而让大家宾至如归，因此有个很愉快的假期，这不是很令人开心吗？这让我感觉自己成为每个人假期中的一部分，好像自己也跟着大家度了假期一样的愉快。”

“我的工作是如此的重要，许多外国观光客就因为我而对巴黎有了好感。”他说，“所以我私下里认为，自己真正的职称其实是——巴黎市非职业公关局长!”他眨了眨眼,爽朗地说。

你看,乐业才能打心眼里热爱自己的职业,或者说对自己的工作充满爱心。爱心是事业的灵魂,事业好比花的幼芽,只有用爱心的阳光去照耀,才能开出绚丽多姿的花朵。在小公司里,只有从心底里热爱自己的工作,才能从工作中享受到工作的乐趣,才能获得生活的快乐,才能在工作中更加出色地发挥出自己的能力,获得成功。

世界各地的人大概都看过米老鼠吧!这是沃特·迪斯尼的创造。他说只是赚钱并无乐趣,工作是他生活的乐趣。比起游玩,工作令他发现了更多的乐趣。

早年,沃特·迪斯尼的生活还很贫困。他原本是住在密苏里州的堪萨斯城。并且希望当一名画家。有一天,他到堪萨斯城明星报社找工作,让总编辑看他的自画像。总编辑一看他的作品就说不行。说他毫无画画的天才,他只好垂头丧气地回家了。不久,好不容易才找到工作,那是在教会中绘图,薪资很低。因为一直借不到办公室,便使用父亲汽车厂的工作室。当然,那时的心情是可想而知的,也正是在充满汽油及润滑油气味的车厂工作,才引发了日后价值百万美元的构想。

事情的经过是这样的。一只小白鼠在汽车厂的土地上窜来窜去。迪斯尼停下正在作画的手,抓起面包屑喂小白鼠。日复一日,小白鼠变得很亲人,甚至爬到画板上去。不久,他迁往好莱坞开始制作《奥斯沃特与兔子》等一连串的卡通影片,但却全部失败了。再一次失去了他的工作,又成为一文不名的人了。某日,他在公寓里正思索有什么好点子时,忽然想起了在堪萨斯城的汽车厂中,画板上爬来爬去的小白鼠。因此,沃特·迪斯尼立刻着手描绘小白鼠——这就是米老鼠诞生的经过。堪萨斯城的那只小白鼠恐怕早已死去了,但它就是全世界最有名的电影巨星“米老鼠”的祖先。今天,电影界收到影迷信件最多的明星就是米老鼠。播放米老鼠电影的国家,较之其他任何电影明星都要多。

米老鼠成功后，迪斯尼更是全身心投入电影的构思之中，只要有一点构想，就与剧本部的助手们共同商议。有一天，他提出了一个构想，欲将儿童时期母亲所念过的童话故事，改编成彩色电影，那就是三只小猪与野狼的故事。助手们都摇头不赞成，只好取消。但是在迪斯尼心中却一直无法忘怀，屡次提出此构想，都一再地被否决掉。终于，因为他有着一种无与伦比的工作热情，并且不断地提出，大家才答应姑且一试，但是对它却不抱任何的希望。米老鼠制片时耗时 90 天，如果《三只小猪》花 90 天实在是太浪费了，因此，决定用时 60 天就完成它。剧场的工作人员皆没有料到，该片却受到全国人民的热烈喜爱。这实在是空前的大成功。从乔治亚州的棉花田到俄勒冈州的苹果园，它的主题曲立刻风靡——“大野狼呀，谁怕他，谁怕他?”据迪斯尼自己说，该片在电影院总共上映了 7 次之多。在卡通影片的历史上，这是史无前例的创举。

迪斯尼的成功就是乐趣的成功。乐于工作是一种巨大的力量。人的一生离不开工作，而且大部分时间都需要在工作中度过。如果你在工作中感受不到快乐，人生真的就失去了很多。所以，小公司员工要在工作中寻找快乐。快乐的心绪是对待职业的最佳心态。把工作当作一种创造性活动，看做一种自我满足、一种艺术创作，全身心地投入，任何人都能从中获得快乐。

第二章　敢于负责,小公司里工作不负责就会被淘汰

任何一名小公司员工,对公司负责就是对自己负责,在享受公司给自己带来荣誉的同时,也不要忘记对公司的责任。勇于负责,你的价值才会体现出来。对于小公司员工来说,唯有具备高度的责任感,认真做好本职工作,才能够在工作中担当起自己的责任,在每个工作环节中都会努力做到尽善尽美,保质保量地完成工作任务。

1. 责任面前,请抛弃借口

在小公司工作要敢于负责,小公司员工不负责就会被淘汰。出现问题时,一味地找借口,是一种可悲的行为,是对恶劣的工作态度和不称职的工作能力的一种掩饰。

社会学家戴维斯说:“放弃了自己对社会的责任,就意味着你你放弃了自身在这个社会中更好地生存的机会。”同样,如果你放弃了自己对工作的责任,就意味着放弃了在公司里更好发展的机会。找借口推卸责任,对公司具有很大的危害性,利用借口逃避责任,最大的受害方,并不是公司,而恰恰是那些找借口的人。

张政大学毕业后进入一家IT公司工作,公司的业务主要是提供网站建设服务,为其他公司提供电子商务平台产品。他最

近和某小公司谈业务，可是来来回回已经提交了三份网站建设框架方案建议书了，客户依然不满意。由于是小公司，所以网站建设的费用不是很高，而客户又有太多的要求，张政就有些不耐烦了。于是他向经理汇报，准备放弃这个客户。

经理把张政的建议书拿过来看了一下，发现几份建议书大同小异，只有零星几个栏目名称有些变动。于是他问张政："你是否和客户进行过详细交流？"张政推脱说："这些天一直在忙着跟一个大客户谈业务，所以顾不上这个多事的小客户。"经理又问："那你是否对该公司的平台需求进行过调研？"张政敷衍道："宣传型网站基本上就是这个框架，所以没有调研。"

张政这种"找借口"的工作态度让经理大为光火，他不客气地批评道："遇到问题，不去想办法解决，反倒一味地为自己的不作为找借口，这怎么能做出让客户满意的方案呢？"

面对经理的批评，张政一肚子的不服气，认为自己并没有找借口，只是觉得没有必要为一个小客户浪费那么多精力罢了。在此后的工作中，每当客户回绝张政的方案时，张政总是有各种各样的借口来应对经理的询问。渐渐地，经理对他失去了信心，只好把他请出了公司。

在小公司里，出了问题一味地找借口，其实是一种自毁前程的表现。一次两次，或许老总们还会忍耐，但时间一长，他们就会发现你其实是一个缺乏责任感的人而不再信任你，这样，你怎么会有所发展呢？

爱找借口的人，完不成工作任务一般是这样一些情形：一是客观条件有限，通过想办法创造条件是可以完成任务的，但他没有去创造条件，因此没有完成任务；二是他实际上并没有到岗到位，因此不可能完成任务；三是工作到岗到位了，但是懒懒散散，身在曹营心在汉，因而工作效率低下而没有完成任务。不论是哪一种情形，归根结底，就是没有完成工作任务，向上司交不了差，因此只有找借口来应付上司。其实，不管你找到的借口多么冠冕堂皇，工作任务没有完成总不是一件令人愉快的事。

在小公司工作，借口是一种消极态度。找借口的员工总是能找到层出不穷的借口来为自己推脱。长此以往，别人都在提高，而他自己却始终无法胜任自己的岗位，只好眼睁睁地看着岁月流逝，错过各种机会。

李梅在一家大型建筑公司任设计师，常常要跑工地，看现场，还要为不同的老板修改工程细节，异常辛苦。虽然她是设计部唯一的女性，但她从来没有逃避强体力的工作。不管是爬楼梯到 25 层，还是去野外勘测，她从来都是二话不说，主动去做。

有一次，老板要为一名客户安排一个可行性的设计方案，时间只有三天，大家都感到时间太紧，都不愿接受这项工作。当老板最后把这项任务交给李梅时，她二话没说，一接到任务就去看了现场，然后开始工作。三天时间里，她都在一种异常紧张、兴奋的状态下度过。她食不知味，寝不安枕，满脑子都想着如何把这个方案做好。她到处查资料，虚心向别人请教，虽然大家都知道这是一件很难做好的事情，但谁也没有想到，当眼睛布满血丝的李梅准时把设计方案交给了老板后，她得到了肯定。

很快，李梅成为设计部的红人，不久，被提升为设计部主管，工资也翻了几倍。后来，老板告诉她，他最欣赏像李梅这样对于领导交代的工作认真执行、并敢于负责的人。

成功在于负责。责任感是人走向社会的关键，是一个人在社会上立足的重要资本。任何一个企业总是希望把每一份工作都交给责任心强的人，谁也不会把重要的职位交给一个遇到问题总是找出一大堆借口的人。所以，在小公司中，勇于负责不找借口能使自己的能力和素质都得到提升，更能体现出自己对工作认真负责的敬业精神。而推脱和懈怠不仅会贻误最佳战机，更会损害企业的利益。

一位长期在公司底层挣扎，时刻面临着失业危险的中年人来到陈老板的办公室，讲话时神情激昂，抱怨公司老板不愿意给他机会。

“你为什么不自己去争取呢？”陈老板问他。

“我曾经也争取过，但是我不认为那是一种机会。”他依然义愤填膺。

“能告诉我那是什么吗？”

“前些日子，公司派我去海外营业部，但是我觉得像我这样的年纪。怎么能经受住如此折腾呢？”

“为什么你认为这是一种折腾，而不是一次机会呢？”

“难道你看不出来吗？公司本部有那么多职位，却让我去如此遥远的地方。我有心脏病，这一点公司所有人都知道。”

陈老板无法确认是否公司所有人都知道这位先生有心脏病，如果是的话，陈老板希望他肝火不要那么旺，但陈老板更倾向于认为他犯了一种严重的职业病——借口病。

工作中，借口总是在人们的耳旁窃窃私语，告诉自己因为某种原因而不能做某事，久而久之我们甚至会潜意识地认为这是“理智的声音”。显然，这是错误的。如果你发现自己经常为没有做某些事而制造借口，或想出千百个理由为事情未能按计划实施而辩解，那么，你最好还是自我反省一番。一个人在面临挑战时，总会为自己未能实现某种目标找出无数个理由。在小公司里工作，正确的做法是，抛弃所有的借口，找出解决问题的方法。

2. 小公司需要勇担责任的员工

责任是一种担当，一种约束，一种动力，一种魅力。负责是每个人应有的品质。在这个世界上，没有不需要承担责任的工作，相反，你的职位越高、权力越大，你肩负的责任就越重。在小公司里，只要是你的责任，你就要勇敢地承担。

深圳有一家香港公司的办事处，只有一位主管和一位职员。办事处刚成立时需要申报税项，由于当时很多这样性质的办事处都没有申报，再加上这家办事处没有营业收入，所以这家办事处也没有申报。两年后，在税务检查中，税务局发现这家办事处没有纳过税，于是做出了罚款决定，数额有几万元。这家办事处的香港老板知道这件事后，就单独问这位主管："你当时怎么想的，导致发生这样的事情？"

这位主管说："当时我想到了税务申报，但职员说很多公司都不申报，我们也不用申报。另外，考虑到可以给公司省些钱，我也就没再考虑，并且这些事情都是由职员一手操办的。"

老板又找到这位职员，问了同样的问题。这位职员说："从为公司省钱的角度，再加上我们没有营业收入和其他公司也没申报，我把这种情况同主管说了，最终申不申报还应由主管做决定，他没跟我说，我也就没报。"

很自然，这位主管马上就被香港的老板"炒鱿鱼"了。本应是他承担的责任却推卸给了一名普通员工，这样的下属每个老板都不会欣赏。主动承担责任在小公司里备受青睐。身为企业的一员，自己的命运与企业息息相通。大家都希望自己的责任与权利在企业当中达到平衡。说白了就是要做一个勇于承担责任的人。责任体现着一个人存在的价值。我们的家庭需要责任，因为责任让家庭更充满爱。我们的社会需要责任，因为责任能够让社会平安、稳健地发展。我们的企业需要责任，因为责任让企业更有凝聚力、战斗力和竞争力。在小公司里，无论你所做的是什么样的工作。只要你能认真地勇敢地担负起责任，你所做的就是有价值的，你就会获得尊重和敬意。

中国WTO首席谈判代表龙永图先生在2001年APEC会议上讲到一则小事：一个七八岁的瑞士小男孩在一家超市的厕所里很久了还不出来，他妈妈急了，一位男记者刚好经过。小男孩妈妈恳求记者进去找小男孩，记者发现小男孩满头大汗地在修抽水马桶，想把马桶冲干净。小男孩说，马桶没冲干净怎么可以走呢？我们在对这位小男孩的责任感发出由衷赞叹的同时，更感动于责任感已成为他的行为习惯。

我们从这件细小的事情上看到了小男孩的责任观念。如果在工作中，对待每件事都能像这个小男孩一样勇担责任，那么可以肯定地说，这样的公司将会走在同行的最前头，这样的员工将赢得所有人的尊重和赞誉。

在工作中，不同的工作态度决定了不同的境遇，有的人成为公司里的骨干员工，得到老板的器重；有的人牢骚满腹，碌碌无为。造成这两种截然不同的工作态度的原因就是责任感。不同的态度和服务，区别就在于责任感。

责任感是一个人对自己的所作所为负责。有责任感的人会努力工作；有责任感的人会听从安排；有责任感的人说到做到。当你拥有了工作责任感后，一切的思想观念都会转变成积极向上的。在小公司里，对员工来说能够主动承担责任的工作心态就是有责任感。

薛晓晓是一名普通的大学生，学的是文秘专业。毕业那年，在北京一家教育机构实习。刚去的时候，她暗下决心要好好工作。但作为新人，她每天除了一些简单工作之外没有什么别的任务。于是她大胆地向领导要求一些新的任务。领导随手扔给她一个课题调研报告，说："两个月内完成就行了，到时给你个实习鉴定。"

接到新任务后，薛晓晓查资料，跑调研，几乎天天思考怎样能做得更好，在这样的工作状态下仅仅三周时间就完成了它。当薛晓晓拿着调研报告给领导时，领导吓了一跳，对她刮目相看，随后又给她安排了几个任务，她都提前完成了，而且还做得十分到位。

实习结束后，领导没多说什么，但不久，这个教育机构就去学校和她签了工作合同。教育机构的上级部门很奇怪，"我这儿有好几个研究生，你都不要，却要一个普通的大专生，不是开玩笑吧！"

“一个真正有用的人才，在于她拥有高度的责任感，能够创造出自己的价值。薛晓晓是一个值得被委以重任的人，什么工作在她的手上都能很好地完成。”领导这样说。

在小公司里，一个人的责任感决定了他在企业中的位置。一个人不管从事什么样的工作，平凡的也好，令人羡慕的也好，都应该尽职尽责，在负责的基础上求得不断地进步。一个没有责任感的员工不会是一名优秀的员工。每个老板都很清楚自己最需要一个什么样的员工，哪怕你是一名做着最不起眼工作的普通员工，只要你担当起了你的责任，你就是老板最需要的员工。

3. 无论职位高低，对待工作都应有责任感

英国前首相丘吉尔有句名言：伟大的代价就是责任。对于职场人而言，工作即责任，一份工作就必须要承担一份责任，一个主动承担更多责任、勇于挑战、并有能力承担责任的人是任何老板都在寻找的人，这样的人也就不愁没有发展和壮大自己的机会。

从前有一位将军。他驻守边境，骁勇善战，用兵如神，为国家立下了不少汗马功劳。于是皇帝给了他很多奖赏，他的财富很多很多，权力也很大。

很多人都羡慕他的生活。尤其是军队里的士兵们，一个个地都很想成为一个像他那样的将军。但将军似乎并不快乐。

有一天，一个士兵看他闷闷不乐，便问他原因。将军说：“我觉得自己一点都不轻松。”

士兵说:“怎么会呢?你拥有这么多财富和权力,除了皇帝陛下,你就是世上最轻松的人了。”

可将军不以为然,他说:“我们俩换换位置,你就知道为什么我觉得一点都不轻松了。”

就这样,将军让士兵当了一天将军,他的财富随便士兵怎么花,他的军队随便士兵怎么指挥。

士兵非常高兴。他坐在椅子上喝着美酒,看着手下成千上万的士兵,他感到得意极了。

正在这时,一名士兵冲上来报告,邻邦突然发动攻击,军队正向边境靠过来。士兵一下子慌了,他从椅子上站起来,不知道该怎么做。他竟然吓得两腿发抖。最后,只能无助地把目光投向了将军。

“发生什么事了?”将军问道。

“邻邦打过来了。我们该怎么办?”士兵说道。

“现在你是将军,怎么办应该是你说了算。”将军对士兵说。

“可是……”士兵一下子哑口无言,说也不是,不说也不是。

后来,军队还是在将军的带领下打退了入侵者。士兵找到将军,对他说:“我终于明白了你的心情。除了我们看见的财富和权力,你还有更多的是责任。”

“没错,身为将军,就必须肩负起保家卫国的责任,必须冒各种风险。我不能随心所欲,必须随时保持警惕。我不能做出一个失误的决策,也不能放松自己。这就是我觉得自己并不快乐的原因。”

在工作中,责任是一种生存的法则。勇于承担责任,是每一位员工迈向成功的第一准则。你的职位越高,权力越大,你肩负的责任也就越重。无论是我们的老板还是我们的员工,大家都在承担着自己的责任。而且无论是谁在承担责任时都不是轻松的。因为不轻松,所以能够担当责任的人才值得尊敬。

小宋是一家货运公司过磅称重的小职员,由于磅房经常过重车，计量工具被压得失去了准确性，当时机械师请假回家，小宋以前学过这些，于是便自己动手修正了它。结果由于精确度提高了，公司就在这个方面减少了许多损失。其实修理计量工具并不是小宋的职责，他完全可以睁只眼闭只眼，因为这本是属于机械师的责任，而且无论这个秤准不准都不会对他的工资造成影响。

但是这位小宋并没有因此就不闻不管，听之任之，本着为公司负责的态度，他积极地纠正了这一偏差。正是由于小宋的这种责任感，为公司节省了不少的费用。

社会在不断推进，有能力的人层出不穷。现代企业在用人时经常强调知识和技术，但实际上企业不见得缺少有能力的人才，但必定缺少有责任感的人才。没有做不好的工作，只有不负责任的人。在小公司里，责任是一个人的立身之本。我们在生活和工作中常常会发现，只有那些勇于承担责任的人才能够得到老板的赏识，才有可能被赋予更多的使命，才有资格获得更多的荣誉。

因此，在工作中，我们要清醒、明确地认识到自己的职责，履行好自己的职责，发挥好自己的能力，克服困难完成工作。只有认识到、了解到自己的责任，清楚自己的职责，并承担起自己所在工作岗位的责任，那么工作就由压迫被动转化为积极主动，并享受到工作的乐趣，体验到取得成绩的快乐。

2010 年 7 月 21 日，在全国组织系统深入开展创先争优活动视频会议上，来自浙江省玉环县委组织部一位普通的组工干部——杜洪英，说出了一句让大家感动的朴实话语："把本职工作做好同样是进步。"这是一位既普通又不普通的组工干部，普通的是她所从事的档案工作，不普通的是她一干就是 30 多年，并且干出了不普通的成绩。

杜洪英生于 1957 年 9 月，祖籍山东。父亲是一名南下干部，两岁时，她随着因公致残的父亲迁回山东。1979 年上半年，杜洪英从山东只身来到玉环县委组织部担任档案员，至今已 30

多年。一名普普通通的档案员，成了数千万党员的优秀代表、全国组工干部的学习榜样。朴实之中有华章，平淡之中见精彩。杜洪英的可贵之处，正是她在平凡岗位上做出了不平凡的贡献。她曾先后获得全国人事档案工作先进个人、浙江省档案保密工作先进个人、省优秀组工干部和省市优秀党员等荣誉称号，并享受省级劳模待遇，2009 年 10 月当选全国“三八红旗手”。

刚参加工作时，杜洪英觉得管档案挺无聊，但老部长一句话提醒了她，并从此成为她的岗位信条：“人事档案不仅是一叠叠纸张，每个干部的过去、现在都在这里，里面的一字一句都关乎他们的前途和命运。”当时，杜洪英发现部里的档案就散放在几十只旧的木箱子里，有的见头不见尾，有的见尾不见头，翻一翻，没有几份是完整的。看到这一大堆残缺不全的档案资料，杜洪英暗自叹了口气，下决心把它们全部补全。

补齐档案材料，谈何容易！没办法，杜洪英一个乡接一个乡跑，一个单位接一个单位找。“补齐这 6000 多份材料，实在是不容易。”杜洪英说，对玉环人来说，出门坐船是家常便饭，但对自己这个北方人来说，到鸡山、海山等海岛去，坐一趟船就是遭一次罪。“一坐上船，我就开始吐，最后连黄胆水都吐出来了。同事们见状，纷纷劝我别再出门，材料由乡镇干部带上来好了。”但杜洪英坚决不肯，这倒不是她不相信别人，只是考虑到一些材料甄别，只有自己亲眼所见后才更加放心。杜洪英说，在档案材料鉴定方面，她认为还是保守一些更为妥当。就这样，杜洪英白天下乡收集，晚上剪贴归档，用了 3 年时间，终于把全县 6000 多份干部档案全部收齐，还救活了大量“死”档案。

在同事眼中，杜洪英对档案管理的认真劲儿，甚至可以用“苛刻”来形容。有一次，省里派人到玉环检查档案，在一份档案夹缝中发现了一枚订书针，杜洪英紧张极了，竟将 6000 多份档案翻了个遍。

“还好，没有发现第 2 枚订书针，档案纸像婴儿般稚嫩，要格外小心，万一订书针生锈，会影响到档案里的内容。”

在档案室，杜洪英担心的，又何止是订书针——进去查档案必须换拖鞋，以免把鞋底的湿气和灰尘带进档案库；查档案不准喝水，免得不小心沾湿纸张；室内温度和湿度严格控制，以防档案变潮发霉……

杜洪英总是说，档案工作看似平凡，但出点差错就是大事。1983 年，玉环有一批转干的企业领导因为单位转制，没来得及填写干部履历，导致应补档案缺失。杜洪英发现后，马上主动着手补救，四处联系单位，为这些人办齐了证明函。10 多年后，这些老同志要办退休手续，却发现自己的干部身份没有明确，要到市里上访。杜洪英得知情况后，连夜翻箱倒柜，找到证明函，平息了一场风波。

查档案费时是档案部门的一个“老大难”问题。通过不断摸索，杜洪英摸索出了“姓氏笔画编目法”“单位分类法”“四角号码编目法”等办法。凭借这些方法，查档案的人几分钟之内就能找到自己想要的材料。由于简便易行，这些方法已得到了省委组织部的充分肯定和推广。

工作的 30 多年里，玉环县委组织部先后换了 12 任部长，许多同事都被提拔到领导岗位，而杜洪英还是一名普普通通的档案员。组织部领导多次想把她转岗到待遇好点的单位或提拔到领导岗位，她几经考虑，最终放弃了。因为，她要坚守自己的岗位，坚持与无言的卷宗为伴，坚持把档案工作兢兢业业做好。她对大家说，事业远比身份重要。任何一种工作，只要做好了，得到大家肯定，就是最好的奖赏与荣誉。

一个懂得承担责任的人，无论做什么工作，都能出类拔萃，做到最好，因为高度的责任心可以让他抛开一切干扰，专心致志地做好自己的事，为自己的工作负起责任。在这方面，杜洪英可谓是我们的楷模。也只有那些能够勇于承担责任的人，才有可能被赋予更多的使命，才有资格获得更大的荣誉。在小公司里，对于一名责任感强的人来说，责任已经成为他们的生活态度。无论在什么时候、什么场合，他们都不会忘掉自己的责任，任何时候都想着如何能更加负责任地把工作做好。

4.

放弃责任，你将失去更多的机遇

在小公司里工作，主动要求承担更多的责任或自动承担责任是成功者必备的素质。世界上很少有报酬丰厚却不需要承担任何责任的便宜事。想要一时不负责任当然有可能，但要免除世间所有责任可得付出巨大的代价。当责任从前门进来，你却从后门溜走，伴随责任一起失去的还有随之而来的机会！

斯拉是一家公司行政部的打字员。一天中午，同事们都出去吃饭了，这时，老板罗斯走进行政部，想找一些信件。这并不是斯拉分内的工作，但她依然充满热情地回答道："对此信我一无所知，但是，罗斯先生，让我来帮助您处理这件事情吧！我会尽快找到这封信并将它放在你的办公室里。"当她将老板所需要的东西放在他面前时，老板罗斯显得格外高兴。故事到这里并没有结束。四个星期后她被提升到了一个更重要的部门工作，并且薪水提高了30%。猜猜是谁推荐她的？就是老板罗斯。后来在一次公司管理会上，有一个更高职位的工作空缺，他还是推荐了她。

对大部分的职位而言，报酬和所承担的责任有直接的关系。在小公司里工作，即使你没有被正式告知要对某件事负责，你也应该努力做好它。如果你表现出了胜任某种工作的能力，那么责任和报酬就会接踵而至。

在人的天性中，存在这样一个可悲的习惯，总是在见到具体的回报时才愿意付出。如果一个人习惯这么想，可以说，他得到的会很少，甚至，什么也得不到。只有明白了先付出，才会有回报的道理，才能走向成功。

小钱是一名老家在西部山区的大学生，出于对大城市的向往，毕业后小钱来到了北京，在中关村一家电子公司找了份质检工作，刚开始每个月只能挣 2500 元，而且还不管吃住。小钱为了每月的花销，不得不在离公司远一些的地方租房。

这样一来，必须早出晚归的上班。他的朋友们都劝他换一份工作，说这样低的工资不值得他如此卖力。可是小钱始终没有放弃，从不抱怨自己工资太低。只是埋头苦干，他还告诉他的朋友们：在这儿工作虽然辛苦，工资也不高，但能学到东西。

小钱诚恳踏实的工作态度受到了公司老板的关注，一年以后，他的工资涨到了每月 7000 元，并且被提拔到一个重要的部门任副经理。在新职位上，小钱继续保持自己良好的工作习惯，三年后他被提升到副总经理的位置上，年薪达到 50 万元，成为了有车有房的成功一族。

其实每个人在刚参加工作时，工资待遇不高，而且做最基础的工作，正是因为这样才能有更多的锻炼机会，才能学到扎实的基本功，为今后的人生道路和职业生涯打好坚实的基础。所以，在小公司里一定要珍惜每一个工作机会。刚刚步入社会的年轻人，一定要放弃“做一天和尚撞一天钟”“拿多少钱，做多少事”的想法。对于薪水的问题，不能简单地理解为“今天我们拿多少的钱，就应该做多少钱的事”。如果反过来思考一下，我们做了多少钱的事，是不是就只能拿多少钱呢？当你为工作付出很多时，那么加薪就是自然的事情了。

王刚是个农民工，两年前经老乡介绍来到北京一家工厂做仓库保管员，虽然工作不繁重，无非就是看看大门，关关门窗，注意防火防盗等等，但王刚却十分认真负责，他不仅每天做好来往的工作人员提货日志，将货物有条不紊地码放整齐，还一有空闲就对仓库的各个角落进行打扫清理。两年下来，仓库居然没有发生一起失火失盗案件，其他工作人员每次提货他也都会在最短的时间里找到所提的货物。

对于王刚做的工作老板看在了眼里记在了心里。在工厂建厂 10 周年的庆功会上，老板按老员工的级别亲自为王刚颁发了 5000 元奖金。好多老员工表示不理解，王刚才来厂里两年时间，凭什么能拿到这个老员工的奖项呢？

老板看出了大家的不满，于是说道："你们知道我这两年中检查过几次咱们厂的仓库吗？一次也没有！这不是说我工作没做到，其实我一直很了解咱们厂的仓库保管情况。作为一名普通的仓库保管员，王刚能够做到两年如一日地不出差错，而且积极配合其他部门人员的工作，对自己的岗位忠于职守，比起一些老职工来说，王刚真正做到了认真负责，我觉得这个奖励他当之无愧！"

在小公司里工作，什么是你的机会呢？责任感就是你的机会。公司是自己的，岗位是自己的，工作是自己的，事业是自己的，充满激情地主动承担责任和义务才是最重要的事。只要你想、你愿意，你就会做得很好。

因此，在小公司里，不要总是抱怨企业怎么不尽如人意，而应当想想自己有无不可推卸的责任。优秀的管理者和员工，会在自己的工作范围内，以自己的魅力和形象去感召和凝聚大家；或在自己的管理活动中恪守自身之责，并不断开创新局面。只要能认真地、勇敢地担负起责任，那么所做的一切就是有价值的，就会获得别人的尊重。而且，当你做好眼前的工作，敢于承担属于自己的责任时，你将会发现工作中有很多机会让你成长。

5. 在岗一分钟，负责六十秒

在小公司里工作的人一旦有了责任感，就能够生出一股无穷的力量，朝着想要实现的目标去努力，哪怕要经历挫折、痛苦和磨难，但一想到要尽一份责任，人就会变得无所畏惧。许多人与我们同时起步，开始做着同样简单的工作，但后来逐步晋升到我们之上，其中一个重要的原因就是他们总是心有责任感，认真地做好每一件事。因此，他们的成功也是意料之中的事。

一则故事讲：刑警队长押解犯人，路上经过一座石山。可天意弄人，山上一方大石，忽然呼啸而下，直向犯人砸去。刘队长眼疾手快，大吼一声"闪开"，推开了犯人，自己却被击中。犯人吓呆了，万没想到刘队长会舍身救他。犯人望着躺在血泊中的刘队长，忍不住失声痛哭。刘队长挣扎着坐起，摸索出纸笔，哆嗦着写下了三个字"非他杀"，然后签了名并喘着气递给了犯人，而他身上的血仍不断地在向外冒。犯人扑通一声跪倒，感动的身子剧烈抽搐，然后又背起鲜血淋漓的刘队长急急地向医院奔去。

警察意外受伤，也许会死亡，但他想到的却是，如果自己意外死去之后，这位犯人将会跳进黄河也洗不清，所以他用尽力气写下了三个可以证明犯人清白的字条，以免犯人蒙受不白之冤。这种高度的责任心和高尚的情操，足以震撼我们每个人的心灵！

工作呼唤责任，工作意味着责任。在小公司里，责任是对自己所负使命的忠诚和信守，责任是对自己工作出色地完成。可以说，责任与工作同在。一旦你接受执行某项工作，你就对这项工作负有不可推卸的责任，它就像血液一样融入到你的身体里，即使你不想承担，也无法把它与你分开。

很多人常常认为只要准时上班，按时下班，不迟到，不早退就是有责任感了，其实这些都只是停留在工作的表面。有责任感的员工从不等待、推诿，总是力争把工作做得最好，让自己的工作为企业争取最大的利益。

一家企业曾经对其生产飞机引擎工厂里的5万名员工进行问卷调查，结果发现了一个非常可怕的事实：多年来一直从事零件组合的员工，居然不知道该零件到底有什么用处，看过公司招牌的人也几乎为零。费尽心思做好的引擎，能知道其价值的，包括管理人员在内，也只有极少数的一部分人。更有甚者，一些下属别说记住公司总裁或总经理的名字，甚至连厂长的名字都记不住。这些员工未必是真正懒惰，而是看不到自己工作的意义，失去了责任感。

在小公司里工作，老板可以通过一个员工在工作中所做的每一件小事，对一个员工做出评价。所以，不管你正处于哪个工作时期，你都应该心有责任感，全心全意地做好工作。无论自己的工作是什么，重要的是你是否做好了你的工作。如果你拥有良好的工作态度，心怀责任感，在岗一分钟，负责六十秒，你才有可能被赋予更多的使命，从众多的竞争对手中脱颖而出，获得更大的荣誉。

江如和是广东揭阳人，1977年出生的他高中毕业后就在空军某部队服役，从部队退役后，于1998年4月应聘进入深圳机场股份有限公司安检站担任货运安检员。他说，安检员工作很多人会做，但不一定每个做的人都能做好，工作中除了需要不断学习，还要保持高度警惕，不断提升自己的职业敏感性。

2003年8月，江如和在执勤过程中，从X光机图像上发现一件印刷品有可疑之处，于是通知货运代理人开箱检查，货运代理人开箱后，拿出一沓扑克牌来，他觉得有蹊跷，X光机中印刷品大小与扑克牌的大小不一致。尽管当时距飞机结载时间很短，江如和还是亲自做了进一步检查。结果在装扑克牌的纸箱中发现一个用衣服包裹着的黑色塑料袋，打开袋子一看，里面放的是人民币。人民币属于贵重物品不允许放在普通货运中进行运输，同时，凭借他的职业敏感，觉得这些钱有可疑之处。后经有关部门检验发现黑塑料袋中的5000元面额不等的钱全是假币。

江如和说，安检员的主要职责就是防止劫机、炸机，防止违禁物品带上天。飞机的违禁物品有9大类，上千种物品，而且这些违禁物品外形和隐藏方式又日新月异，要堵截所有违禁物品上飞机是件不容易的事。这需要不断学习、加深对违禁物品的判断识别能力。2005年1月，他从一件货物的图像中发现一双鞋内部装有电池和电路装置，这种异常装置引起他高度警惕，立即通知开箱员进行开箱检查。检查后，发现是一双在我国北方才适用的自动发热鞋。其中一只鞋子的发热开关在之前的运输过程中被碰开，鞋内已有白烟冒出，并带有塑胶烧焦的臭味，他立即取出鞋中的填充纸，并做了灭火处理。如果这双鞋没被发现，随机飞上天引发火灾，后果将不堪设想。

责任在我们工作的每一分钟里。确保飞机在天上飞行安全，机场安全检查员肩负着重大责任。他们要将一切有可能威胁到飞机飞行安全的东西堵截在地面上。江如和就是其中一位负责的高级安检员，曾多次被深圳机场集团公司评为先进职员，授予“三等功”。微软公司董事长比尔·盖茨曾对他的员工说：“人可以不伟大，但不可以没有责任心。”比尔·盖茨说这句话，是建立在他对工作认知的基础之上的。因为一个人只有具有了高度的工作责任感，才能在工作中勇于负责，保质保量地完成工作任务。所以，如果你不愿意拿自己的人生开玩笑，那就在工作中勇敢地负起责任吧。

教玉章就是一个在很多人认为普通的岗位上干出名堂的人。他是辽宁省沈阳北站地区环境卫生管理所的管理员——打扫厕所，这是个很多人都看不起的工作岗位，如何能干出名堂？

但教玉章却做到了。1997 年，沈阳市实行公厕管理改革，将公厕承包给个人。教玉章也承包了一处临街公厕。当时才 34 岁、身高 1.85 米的教玉章实在是难以适应。刚开始，教玉章打扫厕所都是趁着没人时，干完就急忙躲起来，生怕被熟人撞上。不过教玉章确实是个本分勤快且负责的人。无论谁不小心落下了什么东西，他都会好好地保管起来，等人来认领。很多人通过留言或写信的方式感谢他，久而久之，教玉章越发深切地感受到：打扫厕所的事看着简单普通，用心思干也能得到别人的由衷尊敬，并能为人们提供许多的便利和帮助。他在公厕休息室写下了八个大字："帮助别人，快乐自己。"

教玉章常年预备有打气筒、修自行车工具、针线包、小药箱、婴儿车、雨伞等一系列生活中用得着的小东西，方便所有来如厕或就近寻求帮助的人。他还给大家提供最新的报纸和杂志，并利用互联网、报刊和各种书籍摘出了一个知识园地，将一些四季常见病、多发病防治常识登出来，甚至还有全世界的公厕知识、公厕文化。

2003 年，教玉章在沈河区城建局的支持下，绘制出沈阳市第一张标有沈河区 42 所公厕的《导厕图》。他在人大会上提出了《公厕拆迁时应预留公厕新址并适时重建》《公厕路引标识应统一规范》等提案。2006 年，在教玉章的努力下，市民开始可以通过"电话 114""160 信息台""短信 114"三种方式查询公厕的位置了。他又将市内 5 区主要街道的 220 个水洗公厕位置制作成图，有 3 家电信部门将其变成电子版《导厕图》；他还专门为聋哑人设计了发短信找厕所的办法……

教玉章的事迹表明，只要你对自己的工作发自内心的热爱，即使是在平凡的岗位上也一样可以贡献出自己的光和热，去推动自己在个人生涯中做出优异成绩。对于小公司员工来说，人生最大的挑战，不是突然的灾变和改变命运的选择，而是日复一日、年复一年、平淡而又极其平凡的工作。要想在旷日持久的平凡中做好工作，在重复单调的过程中享受到工作的乐趣，那就必须在岗一分钟，负责六十秒。

第三章 忠诚可靠,小公司里做一个让老板放心的员工

在这个世界上,并不缺乏有能力的人,但只有那种既有能力又忠诚的人,才是每一个老板渴求的理想人才。作为小公司员工,就应该用行动表示你对公司的忠诚,敬重自己的工作,这样才能得到老板的赏识。表达自己对公司的忠诚,是员工获取老板信任、获得广阔发展空间的前提条件。

1. 小公司里忠诚是必不可少的职业品德

企业员工的忠诚是指员工对于企业所表现出来的行为指向和心理归属,即员工对所服务的企业尽心竭力的奉献。每一个优秀的企业,都需要忠诚的人才。在小公司里工作,忠诚不仅是一种道德品质,更是一种忠于自己职业的能力表现。

南京一家公司招聘设计师时,对前来面试的应聘者提出的唯一问题是:说说三国关羽的故事和所受的启发。很多应聘者心里疑云重重:设计师的水平和关羽的故事之间有什么联系呢?

公司负责人王经理称,此举是想让应聘的员工对公司忠诚。他从小就喜欢读《三国演义》,尤其崇拜关羽,关羽自古以来都被当作忠诚的化身。关羽自己说过:“义不负心,忠不顾死。”所谓忠义,就是员工的忠诚度。正是因为这种纯粹的忠诚度,让以刘

备为首的兄弟们组成了当时最有凝聚力的一支团队。

公司负责人王经理认为现代社会的企业员工也要学习关羽。员工们的频繁跳槽对公司的影响太大了,自己公司还是小企业,在刚开始发展时不能因为员工跳槽问题带来混乱,所以在选择员工时第一要求就是忠诚。

忠诚是一种职业生存方式,企业需要忠诚的员工,它体现了最珍贵的情感和行为的付出。因为对企业的忠诚,员工才愿意尽心尽力、尽职尽责地为企业服务,并敢于承担一切。在任何时候,忠诚都是企业生存和发展的精神支柱,也是企业的生存之本。对于小公司来说,员工的忠诚是首要条件。忠诚的人往往能将自己的发展和公司的存亡紧密地结合在一起,他们会积极主动、不遗余力地履行自己的义务,完成自己的职责。

鲍勃原来是公司的生产工人,后来,他主动申请加入公司营销行列。因为当时公司正在招聘营销人员,而且各项测试显示他也适合从事营销工作,经理便同意了。那时,公司规模还很小,只有三十几个人,面临着许多要开发的市场,公司并没有足够的人力和财力。因此,鲍勃只身一人被派往西部一个市场——其他许多市场,也只派出一人。在这个城市里,鲍勃一个人也不认识,吃住都成问题,但心中对企业的忠诚以及对工作机会的珍视,使他没有丝毫的退缩。没钱乘车,他就步行,一家一家单位地拜访,向他们介绍公司的产品。他经常为等一个约好见面的人而顾不上吃饭,因此而落下胃病。他租住的是一个闲置的车库,只有一扇卷帘门,而且没有电灯。晚上门一关,屋子里一丝光线也没有。那个城市春天多沙尘暴,夏天则经常下暴雨,冬天又经常下大雪,对于一个物质贫乏的推销员,这无疑是严峻的考验。而且公司的条件差到超乎鲍勃的想象,连产品宣传资料都供不上,鲍勃只好买了复写纸,自己手写宣传资料。在这样的条件下,鲍勃始终没有动摇。他对自己说:“我必须忠诚于我所从事的这份工作。”

一年后,被派往各地的营销人员都回来了,其中还有几个人早已不堪工作艰辛而悄无声息地离职了。当然，最后只有鲍勃干得最好。最好的员工自然会得到最好的回报，后来，鲍勃被任命为市场总监，这时，公司已经是一个上千人的中型企业了。

在现代人力资源管理中，员工与老板被普遍认为是一对互利共生体。从表面上看，两者之间似乎存在着对立性——老板希望减少人员开支，而员工希望获得更多的报酬。但是从更高的层面上去分析，两者其实是和谐统一的。因为公司拥有忠诚和有能力的员工，业绩才有保证；员工必须依赖公司的平台才能获得物质报酬和满足精神需求。因此，在互利共生的合作关系中，合作双方是否互相忠诚信任是决定双方能否共赢的关键。也就是说，在忠诚的紧密连接下，公司和员工的利益达到了一致和统一。因此，忠诚表现的是一种对职业的忠诚，是一种对职业的责任感，是承担某一责任或者从事某一职业所表现出来的良好道德和崇高品质。在小公司里工作，只有对企业忠诚负责的员工，才能收获别人的尊重，收获自己的成功。

李先生原来只是南方一家游戏公司的小职员，他做事一丝不苟，兢兢业业，因此，在很短的时间里，他就由小职员晋升成为该公司的技术总监。后来，因为孩子上学，李先生需要到北京去，于是他决定换一份工作。最终，李先生决定到北京的一家大型网络公司应聘技术总监。面试李先生的是这家公司的人力资源部主管和负责技术方面工作的副总裁。对李先生的专业能力，他们无可挑剔，但就在面试的时候，他们提出希望李先生能够透露一些他原来所在公司的技术，而李先生却是义无反顾地拒绝了，在他看来，自己有义务忠诚于他的企业，即使他已经离开。结果，出人意料的是李先生被录用了。原来，这只是一个考验的手段。

忠诚于公司，忠诚于老板，事实上，就是忠诚于自己的事业，就是以不同的方式为一种事业做出贡献。李先生就是通过他对公司的忠诚而赢得了老板的赏识和信任。抛开其他因素不说，在任何一家公司，要想得到上司的赏识，获得晋升的机会，最根本的一条法则就是忠诚。在小公司里，没有人会将重要的事情交给一个缺乏忠诚度的人。如果你缺乏忠诚，组织不会聘用你，团队不会让你加盟，搭档不愿意与你共事，朋友不愿意与你来往，亲人不愿给你信任，你最终将被这个社会所抛弃。

2.

忠心耿耿，才能让老板放心

自古以来，人们都对忠诚的人尊敬有加，对不忠的人嗤之以鼻。现代社会更是如此。忠诚于自己的工作，忠诚于公司，忠诚于老板，忠诚于自己的领导，这是一个员工的高尚品德。在老板的眼中，忠诚比才能重要十倍甚至百倍。所以，在小公司里，许多老板宁要一个才能一般，但是忠诚度高、可以信赖的员工，也不愿意接受一个极富才华和能力，但却总在盘算自己的小九九的人。

老杜是一家企业的技术骨干，因为才华出众很快被提拔为技术总监。上任一年之后，他却离开了公司。大家都很疑惑，认为他技术水平高，又很能干，没有理由在事业正处于上升时期离开。原来，老杜在担任技术总监期间，曾为了收受一笔两万美元的私款，而把企业一项重要的技术机密出卖给了对手公司。世上没有不透风的墙，这件事没过多久就被发现。老杜不但受罚，并且被迫离开了这家公司。离开原公司后，老杜曾去对手企业应聘，谁料对方老板却不要他，理由是："你对原来的企业不忠诚，就有可能对以后的企业不忠诚。一个不忠诚的人，我们也不敢用。"老杜在这行的名声算是彻底败坏了，他在这个行业里没有了任何出路。只能去其他行当另谋发展。

老杜失去了忠诚，同时也失去了别人对他的信赖。为一点小小的利益而出卖忠诚的人丧失了别人的信赖，丧失了发展机会和长远利益，并且一旦失去了就很难再弥补回来。小公司在选用人才时，既看重技术能力，更看重品行道德，在品德中企业最关注的就是忠诚度。

在小公司里，一个忠于自己的企业，忠于自己领导的员工，会把自己的发展目标与公司的目标有机地结合起来，把忠诚的信念作为立足的根本。忠诚工作，不只是为了企业，更是为了自己。忠诚的员工会比其他人更在意企业，更加关心自己的工作，他的这种努力奋进的气场无形中会影响到其周围的人，从而获得同事的敬重，领导的信任，从而得到更好的发展机会，担负重任。在为企业发展创造更大的价值的同时，也在不断地实现自我的人生价值。工作中不断获取进步与成功，人生也就变得更丰富，事业更成功，最终为人生的成功打下基础。

一家大公司招聘部门经理，应聘者很多。然而，许多应聘者都没等到试用期结束，就自己主动提出走人了。原来，公司把他们安排到最基层的零售店去当销售员。很多人无法理解，自己明明干的是经理，居然掉价跑去当售货员，实在是丢不起这个人，干脆自己离开。

只有一个应聘者坚持了下来，而且这名应聘者是一位有着多年经验的经理人。在别人眼里，他是最不可能坚持下来的，凭他以往的资历与工作经验，应聘一个部门经理岗位是没有任何问题的，居然要泡在零售店当店员，而且一干就是大半年，这实在令人感到难以理解。最后，事实证明这位应聘者的选择是正确的。半年之后，他成功上岗，而且迅速带领部门团队取得优异的业绩，半年之后，便升为公司副总。又过了一年，原老总调回公司总部，他也就顺理成章地被扶正。

后来有人问起他当初为何会选择留下时，他的回答是："我来公司之前，以往的经验都可以归结为零。我等于是一个新人，需要重新开始。我选择了公司，就应该忠于公司。那么老板安排我去当销售员，我就应该忠诚于工作，认真执行公司的安排。

既然我当时的工作是做销售，我就要忠于这个岗位，尽一切可能把它做到最好。更何况，我从基础做起，对我以后的工作很有帮助。我明白了老板的用意，他是在检验我，同时也是让我在正式上岗前，能全面了解公司的业务，明白公司发展规划怎样才能落实到基层。这对我后来能根据公司情况制订相应的计划，是很有帮助的。"

一席话让大家恍然大悟。有人总结他的成功其实归根结底就是两个字：忠诚。忠于公司，忠于企业，忠于老板，忠于自己的工作岗位，这四大忠诚，成就了他的职业生涯。试想，如果他没有这份忠诚，也和其他应聘者一样，放不下身段，抹不开面子，又怎么可能有后来的步步高升，成为老板最得力、最信任的助手呢？

现代社会，有技术有才华的人并不少见，而忠诚的人却不多，既忠诚又有能力的人就更加难得了。这种既忠诚又能干的人，正是老板梦寐以求的得力干将，这样的人早晚有一天会出人头地。

麦克·蒂罗 1993 年到某计算机配件制造公司时，公司只有二十来人，老板叫彼特，是一个只比他大三岁的年轻人。

1993 年 10 月，公司接到一笔订单，为某计算机公司加工 50 万只硬盘。这对公司来说，已经是超级订单了，能否履行成功，对公司的发展影响极大。公司上下都忙了起来，全部资金和相关资源也都投了进去。然而，天有不测风云，一方面由于技术不过关，一方面由于控制上的疏忽，生产的硬盘出现了严重的质量缺陷。1994 年 2 月，50 万只硬盘全部被退货。这对于一家小公司来说，打击实在太沉重了，不仅没有赚到一分钱，还欠了银行一大笔债。银行天天上门讨债，公司员工也纷纷辞职，并逼着彼特要工资和失业赔偿金。

得到工资和赔偿金的员工一个个都走了，彼特信心全无，像木偶一样，看着空寂的公司只剩下自己一个人，心中不禁冒出凄凉之感。但当他走出办公室时，却发现还有一个人在安静地工作着。这个人就是麦克·蒂罗，他平日里并不怎么接近彼特先生，也从没有向他表过自己的忠诚。彼特非常感动，他走到麦克·蒂罗面前说："你为什么没有向我索取失业赔偿金呢？如果你现在要，我会给你双倍的赔偿，而且首先支付你。虽然我现在已经身无分文了，但我相信我的朋友愿意借钱给我的。"

"赔偿金？"麦克·蒂罗笑了笑，"我根本没有打算离开，凭什么要索取赔偿金？"

"你不打算离开吗？"彼特显得异常惊讶，"难道你认为我们公司还有希望吗？不怕你笑话，我已经没有信心了。"

"不，我认为我们公司还有希望，你是公司的老板，你在公司就在；我是公司的员工，公司在我就该留下来。"麦克·蒂罗说。

彼特感动得几乎流下泪来："有你这样的员工，我当然应该振作起来！可是，我不忍心你和我一起吃苦，你知道，我已经破产了，你还是快去找新的工作吧。"

"老板，我愿意和你一起吃苦。公司发展好的时候，我来到了公司，如今公司有困难了，我离开公司就太不道德了。只要你没有宣布破产，我就有义务留下来。你刚才不是说你的朋友愿意帮助你吗？如果你乐意接受我这个朋友，那么就让我来帮助你吧，我可以不要工资。"

麦克·蒂罗留了下来，并把积攒的五万多美元全部借给了彼特。彼特为了偿还债务，卖了仅有的一个加工车间和所有设备，并卖掉了汽车。

接下来的日子里，彼特和麦克·蒂罗转变了公司经营重心，开始给一些软件公司寄销软件。因为是寄销，他们几乎不需要投入什么资金，公司很快就有了转机，两人在忍受了近半年挤公车、吃盒饭的日子后，公司开始盈利了。5 年后，公司迎来了快速发展期，迅速发展成为一家大型软件企业，资产也由原来的负数变成了数亿美元。

有一天，彼特约麦克·蒂罗在一家咖啡厅谈心。"在公司最困难的时候，是你给了我最大的帮助。当时，我就想把公司的一半股权交给你，可当时公司那么糟糕，我怕拖累你，现在公司起死回生了，我觉得应该把它交给你了。同时，我诚挚地请你出任公司总裁。"彼特说着,拿出了聘书和股权转让书,转让书上标明公司50%的股权归麦克·蒂罗。

虽然每个人都希望自己所在的公司能够不断发展壮大,但公司的成长和个人的成长一样,不可能总是一帆风顺,总会面临一些逆境。每一个忠诚的员工都应该像彼特那样,明白一荣俱荣,一损俱损的道理,将个人的发展与公司的存亡紧密相连,即使公司遭遇困境,也要将忠诚进行到底。这样,公司一旦度过了风雨,就会有一定的发展,这种发展也必然会为员工创造更大的成长空间。

3.

坚守忠诚,方能赢得信赖

在小公司里,作为一名员工,在工作岗位上,只有对别人忠诚,别人才会接近你、承认你、容纳你、信任你。在小公司里工作,忠诚建立信任,忠诚建立亲密。只有忠诚的人,周围的人才会接近你。"人有信则立,事有信则成",一个人如果不忠诚,就会给别人不可靠的感觉,难以得到别人的信任,更不要谈有更大的发展了。

约翰一家是全城唯一没有汽车的人家,这给他们一家人的工作和生活带来了很多不便。可是没办法,谁让他们没有钱呢。约翰的老板是一个不折不扣的彩票迷,约翰除了每天辛辛苦苦地工作之外,还要做一个跑腿,为老板去彩票店买彩票。这是在一个领完工资的周末,约翰还是和以前一样去彩票店买彩票。约翰到销售彩票的商店先为老板购买了五张彩票,他发现其中有两张中了大奖,一张是100万元的大奖,还有一张是中了一辆汽车。这真是一个令人振奋的好消息，可是约翰很快就意识到这个好消息根本不属于自己。

销售彩票的老板也十分兴奋，他看到愣在那里的约翰，以为他被这个突如其来的好消息给吓傻了。销售彩票的老板一边指挥店员迅速将这个好消息散播出去，一边提醒约翰赶快去兑现大奖。

约翰当时心里不是没有想过，他比任何人都清楚自己家里是多么需要这两份大奖。如果有了100万元的奖金，他的几个孩子就可以去更好的学校读书了，如果他开着崭新的汽车回到家里的话，妻子和孩子们一定会开心地跳起来的。但是这一切都不应该属于自己。当然，如果自己再花几个小钱购买两张彩票，老板那里其实是非常容易应付过去的。那样的话，这一切好运就真的可以完全降临到自己的身上了。

的确，这样的决定实在是不好。忽然，约翰想通了，他拿起商店的电话拨通了老板的号码，告诉老板中了两份大奖。当他挂上电话的那一刻，他的眼里满是泪水，同时也露出了如释重负的笑容。

忠诚的人容易获得别人的信任和支持，也值得别人对他委以重任，因此忠诚的人更容易获得成功的机会。因为对你自己而言，你的忠诚就是你成功的通行证。在小公司里工作，忠诚不仅仅是个人品质的问题，更会关系到公司和组织的利益。忠诚有着其独特的道德价值，并蕴含着极大的经济价值和社会价值。一个秉承忠诚的员工，能给他人以信赖感，让领导乐于接纳。最后，在赢得领导信任的同时，他更容易为自己的职业生涯带来意想不到的好处。

在小公司里，忠诚于公司，从某种意义上来说，就是忠诚于自己的事业。这种忠诚可以增强老板的成就感和自信心，可以增强团队的凝聚力，使公司更加兴旺发达。因此，许多老板在用人时，既要考察其能力，更看重其个人品质，而个人品质最关键的就是忠诚度。没有任何一个老板会喜欢一个有异心的员工。无论你的能力多么优秀，无论你的智慧多么超群，如果你缺乏忠诚，那就没有任何人会放心地把重要的事情交给你去做，没有任何人会让你成为公司的核心力量。

只有忠诚的人才能赢得别人的尊重，赢得他人的信任。忠诚的员工，无论干什么、走到哪，他都能获得属于自己的一份荣幸。相反，一个没有忠诚的员工是很悲哀的。无论他处事多么圆滑，无论他多么有才干，最后的成功都将与他无缘。因为，这样的人领导不信任他，同事防备着他。试想，这样的员工，你敢用吗？

有一个家族企业，董事长已经很老了。为了使自己的家族和企业有一个放心的托付，他决定从两个儿子中挑选一个作为自己的接班人。

大儿子叫能力，二儿子叫忠诚。他们被叫到父亲的床前，父亲语重心长地对他们说："我老了，我将从你们两个之中选择一个接替我。从今天起你们每人负责一个子公司，效益突出者就是我的接班人，时间为一年。"

大儿子能力回到该他负责的公司并开始考虑，父亲已经年迈了，他死后的遗产一定会和忠诚平分，那样的话我岂不是拿得少？于是便把企业名下的很多资产都转移为自己的私人财产，但又巧用手段使自己负责的公司的净利润大大增加了。二儿子忠诚回到该他负责的公司也开始考虑起来，父亲已经年迈了，我应该把他的事业发展得更大，让父亲安心。于是，忠诚每天都很忙碌，把公司的资产清清楚楚地做了核算，并撰写了详细的资产收益报告。在他的努力下，公司的净利润也得到了增加，虽然相对于能力的增长还差得很远，但忠诚还是一如既往地奔波忙碌。

一年后，他们来到了父亲的床边，床边的椅子上坐着公司的首席律师。父亲说："我最后的决定让忠诚继承财产和家业，能力营私舞弊，转移资产，没收其应得的家产。请律师帮忙作证和核实。"能力一听瘫倒在椅子上。原来，两个人的公司里都有父亲的心腹，一举一动都在父亲的掌握之中。

这则故事说明，只是强调能力而忽视忠诚显然是危险的。如果没有忠诚，能力越强反倒对企业的损害越大，有哪一个企业愿意雇用这样的人呢？所以，在小公司里，缺乏忠诚是没有市场的。一个人若失去了忠诚，就失去了一切——失去朋友，失去客户，失去工作，因为谁也不愿意与一个不能信赖的人交往。试想，如果要一生都这样活着，那该是多么痛苦的事情。

4. 在利益诱惑面前严守企业机密

在工作中，商业机密是企业的无形资产，是一个企业在市场竞争中占据竞争优势的重要因素，甚至关系到一个企业的成败。因此，在小公司里工作，一名员工就应始终把忠诚企业作为自己的准则，事事以公司利益为准绳，在任何情况下，都要守住企业秘密，绝不能为了一点好处而出卖企业机密。

马尔蒂斯是一家金属冶炼厂的技术骨干，由于工厂准备改变发展方向，马尔蒂斯觉得工厂不再适合自己，他准备换一份工作。鉴于马尔蒂斯原来工厂在行业上的影响力以及他自身的能力，他要找一份工作是轻而易举的事情。

有很多别有所图的公司对马尔蒂斯都给出了很好的条件，但是马尔蒂斯知道不能为了某些优厚的报酬而出卖企业的机密。因此，马尔蒂斯拒绝了这些公司的邀请。最后马尔蒂斯决定去全美最大的金属冶炼公司应聘。

负责面试马尔蒂斯的是该公司负责技术的副总经理，他对马尔蒂斯的能力没有任何挑剔，但是却向他提出了一个让马尔蒂斯很失望的问题："我们很高兴你能够加入我们公司，你的资历和能力都很出色。我听说你原来的厂家正在研究一种提炼金属的新技术，听说你也参与了这项技术的研发，我们公司也在研究这门新技术，你能够把你原来厂家研究的进展情况和取得的成果告诉我们吗？你知道这对我们公司意味着什么，这也是我们聘请你来我们公司的原因。”“你的问题让我十分失望，看来市场竞争确实是需要一些非常手段，但是我不能答应你的要求，因为我有责任忠诚于我的企业。尽管我已经离开它了，但任何时候我都会这么做，因为信守忠诚比获得一份工作重要得多。”马尔蒂斯回答道。

马尔蒂斯身边的人都为他的回答感到惋惜，因为这家企业的影响力和实力比他原来的工厂要大得多，在这里工作是无数人梦寐以求的，但是马尔蒂斯却放弃了这个绝好的机会。

就在马尔蒂斯准备去另一家公司应聘的时候，那位副总经理给马尔蒂斯来了一封信，在信中他这么说道：“马尔蒂斯先生，你被录取了，并且是做我的助手，不仅是因为你的能力，更因为你时时刻刻都想着为自己的企业保守商业机密，你是好样的！”

一个忠诚的人不仅不会失去机会，相反，忠诚还会让他赢得机会。每个公司都需要马尔蒂斯这样的职员，你只有成为这样的人才能受到公司的重用。无论在哪家公司，你都应该保守公司和老板的机密，对公司的各种事情都不能随便张扬，一定要守口如瓶。

在小公司里，保守秘密，是身为员工的基本行为准则，是身为员工忠诚使命的具体表现。对于员工来说，不能为了个人私利而出卖公司，这是对职场成功者的忠告。无论什么原因，一个人只要失去了忠诚，就失去了人们对他最根本的信任。相反，如果一个人在工作中一直坚持忠诚的原则，忠于公司，必将获得老板的赏识和众人的尊敬。

小林是一位颇有才华的年轻人，曾在海外留学。留学回国后，身为海归博士的他理应工作十分顺利，可是他的经历却不是如此，最后还上了很多家企业的黑名单。成为那些大企业永不录用的对象。原因是小林对公司的不忠诚导致的。毕业回国后，小林去了某个研究院里做研究工作，凭借着自己的才华，研究发明了一项技术,可是他一直觉得研究院的待遇太差,最后带着他的研究成果跳到了一家私企。他的出卖给研究院带来了一定的损失。凭借那项技术,小林做了公司的副总。可是好景不长,他又带着公司的机密去了另一家企业。就这样他的背叛被行业的企业列入了黑名单,几乎知道他的品行的老板都明确表示绝对不会聘用他。

在小公司里,总是充斥着各种各样的诱惑,但一个优秀的员工永远不会被利欲所诱惑而做出违背道德原则的事情。如果一个人为了一丁点儿利益而出卖公司的话,这样的人在世界的任何角落都不会受到欢迎,因为他出卖的不仅仅是公司的利益,还有他自己的尊严和人格。哪怕是从他手中获得利益的人,也会从心底里对他产生鄙夷。

一个成功学家说:“如果你是忠诚的,你就是成功的。”一个不忠诚的员工即使才华横溢也不会成功,因为他无法得到老板的信任。忠诚,无论对个人还是一个组织来说,都是其存在的基础和发展的根本,谁愿意同一个缺乏忠诚的人或者组织打交道?缺乏忠诚,对于一个人来讲,就意味着失去立身之本。对于一个企业而言,就意味着失去了客户,失去了市场,失去了外援,也就失去了一切企业赖以生存的环境和空间。在一些企业中,有些人随意带走客户关系或技术资料,跑到竞争对手那边,反过来威胁原来的企业,这不但是不道德的,甚至是违反法律的。

何某在南方一家科技公司任职,担任文员的他平时不爱社交,但很喜欢玩网络游戏。玩过网络游戏的玩家都清楚,要想在游戏中笑傲江湖,不仅要花大量的时间,买装备之类的东西还需要真金白银。尽管任职于一家大公司,但身处底层的何某每月薪金有限。为了玩游戏,他可没少花钱。一次偶然的机会,他发现有同事利用办公室电话申请QQ会员。何某得到了启示:为什么不能用办公室电话给游戏充值呢?

从去年夏天开始,何某每月都利用办公室电话给游戏充值。为了防止被发现,他非常小心,每月都只敢充上百元。然而,即便他这样小心,还是被公司财务人员发现了端倪。前些天公司对账单进行了核对，并根据充值的账户号查到了何某。公司发现，在不足一年的时间内，何某多次拨打声讯台为游戏充值，盗打金额6000余元。最后的结局是，何某不仅要将此前盗打的电话费"吐"出来，同时还收到了公司的辞退信。而且还有可能因为涉嫌盗窃而受到法律惩处。

在小公司里工作，员工都应该有一个共同的特点，那就是忠于自己的工作，对工作兢兢业业，处处以公司利益为先，绝不会为个人的私利而损害公司的整体利益。因为，忠于公司就是忠于你自己；背叛公司，背叛老板，其实也就是背叛你自己。

5. 成为企业大家庭中忠诚的一分子

在小公司里工作，忠诚是一个不可缺少的法则，面对今天竞争激烈的社会，想要在这个竞争的职场里求得生存和发展，我们就要懂得用忠诚的态度去对待自己的企业和领导。

记得看到过这样一则寓言：

动物王国的小狗汤姆毕业后到处找工作，忙碌了好多天，却没有被一家单位录用。因此，他垂头丧气地对狗妈妈诉苦说："没有一家公司肯录用我，我真是个废物啊。"狗妈妈不由地问道："那么，你的朋友蜜蜂、蜘蛛、百灵鸟和猫都找到工作了吗？"

汤姆说："蜜蜂当了空姐，蜘蛛当了网络员，百灵鸟当了歌星，猫当了警察。"

狗妈妈继续问道："还有马、绵羊、母牛和母鸡呢？"

汤姆说："马去拉车了，绵羊做了纺织工，母牛可以产奶，母鸡会下蛋。和他们不一样，我是什么能力也没有。"

狗妈妈想了想，说："你的确不是一匹会拉车的马，也不是一只能下蛋的鸡，可你不是废物，你是一只能看家的狗。虽然你本领不大，可是，一颗忠诚的心就足以弥补你能力的缺陷。"

汤姆听了妈妈的话，使劲地点点头。终于，汤姆在狮子开的一家公司找到了保安工作。由于忠心不二，很快当上了保安部门经理。

秘书鹦鹉不服气，去找老板狮子理论，说："小狗汤姆既没有高学历，也不是公司元老，凭什么给他那么高的职位呢？"

狮子回答说："很简单，因为他对公司很忠诚。"

企业提供的工作机会往往偏爱高度忠诚的人，而一个人要想在一家企业获得成功，首先必须是一个忠诚的人。在小公司里工作，一个人的能力是成功的资本但不是决定性因素。即使有的人自认为才华卓著，但要是没有忠诚的维系，他做起事情来也不会投入所有的精力，也不会尽心尽力、尽职尽责。因此，员工如果想在工作中有所作为，得到上司或老板的信任，忠诚是唯一的捷径。

在一项对世界著名企业家的调查中，当问到"您认为员工应具备的品质是什么"时，他们几乎无一例外地选择了"忠诚"。忠诚是职场中最应值得重视的美德，因为每个企业的发展和壮大都是靠员工的忠诚来维持的，如果所有的员工对公司都不忠诚，那这个公司的结局就是破产，那些不忠诚的员工也自然会失业。只有所有的员工对企业忠诚，才能发挥出团队力量，才能拧成一股绳，劲往一处使，推动企业走向成功。同样，一个职员，也只有具备了忠诚的品质，才能取得事业的成功。

一次，马耳他王国有位王子深夜从外地办完事回王宫，看到一个仆人正紧紧地抱着自己的一双拖鞋睡觉，他上去试图把那双拖鞋拽出来，却把仆人惊醒了。

这件事给这位王子留下了很深的印象，他立即得出结论：对小事都如此小心的人一定很忠诚，可以委以重任，所以他便把那个仆人升为自己的贴身侍卫。

结果证明这位王子的判断是正确的。那个年轻人在工作中勤于思考,忠心办事很快升任了侍卫长,最后当上了马耳他的军队司令。

忠诚是一种与生俱来的义务,忠诚是发自内心的情感。在人类道德的取向上,无论是东方还是西方,讲忠诚是一致的。忠诚意味着付出、责任甚至牺牲。因此,忠诚向来被国人称为最有价值的"人格天条"。一个优秀的员工必须时刻地意识到:自己的利益和企业的利益是一致的,忠诚企业就是忠诚于自己。一位老板曾经公开对自己的员工说:"你不必忠诚于我,甚至都不必忠诚于企业,你只要忠诚于自己的工作就行了。只要你尽心尽力地做好自己的本职工作,全心全意地提高自己的能力,这就是对老板我最大的忠诚。如果你随时离开公司,都会有企业眼巴巴地双手捧着好的职位请你,那我会非常高兴,也是我对你们最大的期望。因为这说明你是人才,别人都抢着要你。"

对于员工来说,忠诚是一种操守,是一种职业良心。很多公司不惜代价对员工进行培训,但是当员工们积累了一定的工作经验后,经常是不打一声招呼就跳槽而去,这样的人对公司是缺乏忠诚的。缺乏忠诚,频繁地跳槽直接受到损害的是企业,但从更深层次的角度上看,对员工伤害更深,无论是个人资源的积累,还是所养成的"这山望着那山高"的习惯,都会使员工的价值有所降低。因此,在小公司里频繁地跳槽不利于自己的经验积累和进步,重要的一点是,难以取得老板的信任。

西门子中国有限公司明确表示:"那些每半年、一年就换工作的人我们是不会要的。"西门子在招聘时,如果看到应聘者的简历上有着经常跳槽的记录,这样的人西门子是绝对不会录用的,甚至连面试的机会也不会给。他们认为,这样的员工缺乏对企业最起码的忠诚度,这样的人再有能力,再有经验,也不会为企业带来太多的价值,同样他自己也难以在企业中实现自己的价值,企业是绝不会冒风险来录用他的。

原来,西门子一直很重视员工的技能培训,一批员工经过几年培训下来，就会成为公司的得力骨干，他们已经有能力解决公司遇到的实际问题。

在西门子刚进入中国的时候，一个分公司曾招了一批新员工，并经过大力培训最终成为业务骨干，一时间，企业的订单不断，利润大增。分公司老板对这批骨干也是宠爱有加，嘘寒问暖，加薪宴请。他认为：只要我给你们的待遇好，还怕你们不好好干？可是好景不长，那些业务主管做了几年业务下来，脑子就"活络"了，心想：手里有现成的业务骨干和客户群，如果把这群业务骨干挖走，做西门子产品的代理，能自己单干，那一定比在这里打工有发展。有了这种念头，其中一个业务主管就开始偷偷地自己联系业务，为了给自己拉拢更多的客户，他给一些客户吃回扣。最严重的一次，他竟然在与外商谈判时在中间做手脚，结果导致企业损失惨重。

老板知道后怒不可遏，把包括业务主管在内的这批业务人员全部炒掉。这让企业元气大伤，这个经历在分公司老板心中留下重创，阴影难消。后来他明确规定，在以后招聘员工时，一定要保证员工的忠诚度，哪怕他的知识水平差点，经验不足，这些都可以通过培训来弥补，但如果员工缺乏对企业的忠诚，即使他是天才，也要将其拒之门外。

在小公司里，员工只有拥有忠诚的好品格才能赢得好人生。员工需要依靠公司的业务平台才能发挥自己的才智，公司需要忠诚和有能力的员工，因为企业的业绩要靠忠诚的员工来全力创造。上司需要忠心耿耿的下属，公司需要忠诚的员工，同事需要忠诚的合作伙伴。因此，如果你选择了为某一个企业工作，那就忠诚地为它服务吧。

第四章　努力思考,小公司里要学会为工作献计献策

工作中必然遇到这样那样的问题和困难,作为小公司的员工不应该逃避,而是要迎难而上,出主意想办法解决问题,战胜困难。小公司作为一个经营实体,必须依靠每一位员工都发扬主人翁精神,为企业发展献计献策。只有把公司的事当作自己的事,贡献自己的力量和才智,解决每一个问题,才能把工作做好。

1. 小公司里要学会为工作献计献策

积极参与献计献策活动,是小公司员工的责任,更是一种光荣!作为大公司,比如说很多知名外企,它们都有自己较为成熟的文化,行为规范和工作流程,所以更看中的是员工的职业素质和专业技能。但对于众多处于发展初期的小公司来说,它们将更看中员工主动地按自己的方法做事的能力。

有家私营企业的老总,因为受到家庭婚姻问题的打击而变得日渐消沉,工作完全不在状态。企业才刚刚进入发展平稳期,就遇到这种情况,原来良好的发展势头很快就变成了急转直下的“自由落体”运动。企业经营状况变得越来越糟糕,老总也没心思去打理,就由着它去,结果很快就到了破产的边缘。

许多员工，包括一些以前老板视为心腹的“忠臣”，都开始各谋出路，纷纷跳槽。到最后，只有一名女文员留了下来，老总成了名副其实的光杆司令。看到这名女下属，老总很无奈也很奇怪。他没想到这个其貌不扬，平时也少言寡语，几乎无人注意的小文员，居然会是最后陪自己留守的人。令他更没有想到的是，这个看上去还有些稚嫩的女孩子，竟然把自己“训”了一通，指出了自己种种不是，并且还拿出了一套行之有效的策划方案。

老总猛然意识到，自己的荒唐差一点儿误了公司的前程与自己的事业。于是在女下属的激励与帮助下，老总重新振作起来，凭借那套方案，险中求胜解决了公司最急迫的危局。两人再接再厉，运用以前的各种资源，开始逐步摆脱困境。渡过了最危险期后，公司开始重新招兵买马，又进入了新的发展轨道。到后来，公司逐渐发展成了一家大型的集团公司，当初的老总已是集团董事长，而那个小文员则成长为了集团总经理，是董事长最得力的左右手。

在小公司里，合理化建议是企业发展的内在动力，是员工参与企业生产经营管理的纽带和桥梁。为工作献计献策，勇于做问题终结者的人，不仅体现出的是一种高度的责任感，更体现出一种不逃避矛盾、回避问题的高贵品质。这样的员工秉持一种主人翁精神，积极开动自己的智慧，用自己的大脑为企业解决问题赢得机遇。这样的员工才是企业真正需要的人。

一名优秀的员工，一名真正把企业利益视为自己利益的员工，会为企业的发展献计献策。他们的意见也许不够充分，甚至很可能有些幼稚，但他们的心却是真诚的，而且他们不太会计较自己的职位级别，更不会在意旁人的议论。他们会把为企业谋利，维护并保障企业的利益，当成自己义不容辞的责任与义务。他们是真正与企业共进退的人，这样的员工才真正是一个企业的核心与脊柱。

稻盛和夫被日本经济界誉为“经营之圣”。他很热爱自己所创办的京都陶瓷公司，这家公司是日本最著名的高科技公司之一。该公司刚创办不久，就接到著名的松下电器公司的显像管零件U字形绝缘体的订单。这笔订单对于京都陶瓷公司的意义非同一般。但是，与松下做生意绝非易事，商界对松下电器公司甚至有这样的评价："松下电器公司会把你尾巴上的毛拔光。"对待京都陶瓷公司这样新创办的公司，松下电器虽然看中其产品质量好，给了他们供货的机会，但在价钱上却一点都不含糊，且年年都要求降价。

对此，京都陶瓷的一些人很灰心，因为他们认为：我们已经尽力了，再也没有潜力可挖。再这样做下去的话，根本无利可图，不如干脆放弃算了。但是，稻盛和夫认为：松下出的难题确实很难解决，但是，屈服于困难，也许是给自己没有足够的挖掘潜能找借口。于是，经过再三摸索，公司创立了一种名叫"变形虫经营"的管理方式。其具体做法是将公司分为一个个的"变形虫"小组，作为最基层的独立核算单位，将降低成本的责任，落实到每个人。即使是一个负责打包的老太太，也都知道用于打包的绳子原价是多少，明白浪费一根绳会造成多大的损失。这样一来，公司的营运成本大大降低，即便是在满足松下电器公司的苛刻条件下，利润也甚为可观。

对于一名小公司员工来说，仅有努力还不够，还要懂得不断改进自己的工作方法。小公司里要学会动脑筋会想办法，会创造性地工作。这样的员工，才是真正优秀的员工。善于创造性工作的员工，往往能在工作中收到事半功倍的效果，远远超出自己和老板的期待。他们不仅能够解决自己工作中的实际问题，有利于激活企业整体的竞争力，为企业的目标作出贡献，也让自己"增值"。因此，我们在工作中应当主动想方法，善于创造性地解决问题。

福特汽车公司是美国创立最早、最大的汽车公司之一。1956年，该公司推出了一款新车。尽管这款汽车式样、功能都很好，价格也不高，但奇怪的是，销路却平平，和公司预期的情况完全相反。公司高层急得像热锅上的蚂蚁，但绞尽脑汁也找不到让产品畅销的方法。这时，在福特公司里，有一位刚刚毕业的大学生对这个问题产生了浓厚的兴趣，他叫艾柯卡。艾柯卡是福特汽车公司的一位见习工程师，本来与汽车的销售工作并没有直接关系。但是，老板因为这款汽车滞销而着急的神情，却深深地印在他的脑海中。

他开始不停地琢磨：我能不能想办法让这款汽车畅销起来呢？终于有一天，他灵光一闪，于是径直来到总经理办公室，向总经理提出了一个方案："我们应该在报纸上登广告，内容为花56元买一辆56型福特。"这个创意的具体做法是：谁想买一辆1956年生产的福特汽车，只需先付20%的货款，余下部分可按每月付56美元的办法支付，直到全部付清。他的建议最终被采纳，"花56元买一辆56型福特"的广告引起了人们极大的兴趣。

"花56元买一辆56型福特"，不但打消了很多人对车价的顾虑，还给人留下了"每个月才花56元就可以买辆车，实在是太划算了"的印象。

奇迹就因为这样一句简单的广告而产生了：短短的3个月，该款汽车在费城地区的销售量从原来的末位一跃成为冠军。而这位年轻的工程师也很快受到了公司赏识，总部将他调到华盛顿，并委任他为地区经理。后来，艾柯卡不断地根据公司的发展趋势，推出了一系列富有成效的创意方法，最终脱颖而出，坐上了福特总裁的宝座。

从艾柯卡身上我们能够看出：在工作中主动想办法为老板分忧解难的人最容易脱颖而出，也最容易得到老板的认可！在日常工作中，常常有这样两种人：一种是碰见困难避而远之的人；另一种则是迎难而上的人，他们主动寻求解决方法，为老板分忧。可以说，主动寻找方法解决问题的人，是职场中的稀有资源，更是小公司的珍宝。因此，在小公司里要学会为工作献计献策。

2. 用对方法，工作才能更高效

凡是取得卓越成就的人，他们都有着共同的成功经验，那就是：付出汗水的同时，也要付出智慧。爱因斯坦曾经提出过这样一个公式：W＝X＋Y＋Z。这里，W 代表成功；X 代表勤奋；Z 代表不浪费时间，少说废话；Y 代表方法。从这个公式中我们可以知道，正确的方法是成功的三要素之一。小公司员工如果只有刻苦努力的精神和脚踏实地的作风，而没有正确的方法，是不能够取得成功的。

小张与小黄毕业于某名牌大学企业管理专业，并同时进入一家中型企业。小张工作努力认真、踏实肯干，除了工作就是工作，他好像总有做不完的事，而且还常常主动留下来加班，天天工作到很晚才下班，但遗憾的是工作业绩平平。

小黄呢？如果用传统的“认真”来衡量，他则有些“不务正业”，他的想法和做事的方式都与众不同，从不墨守成规的他总是琢磨一些“懒办法”——别人两小时完成的，他就想办法争取一个半小时完成；相同条件下，别人做到 10 分的效果，他要努力做到 12 分……主管交给他的任务，他不但能完成得干净利落，而且效果还能令人满意。做完主管安排的工作后，小黄还经常主动向主管申请做一些额外的工作，而且工作之余他还经常主动去找同事、主管交流工作中存在的问题，很快就与大家建立了很好的工作和私人关系。

一年后，小黄得到提拔并被委以重任，小张则只获得象征性的加薪鼓励。这让小张心里非常不平衡，认为小黄工作没有自己认真，而且还总是逢迎拍主管马屁，凭什么业绩考核反而比自己好？而且还受到公司的重用？自己为公司付出了那么多，反而落得竹篮打水一场空。他越想越觉得不好受，于是向总经理递交了辞呈。

现实中，类似小张这样的人并不在少数。人们习惯地认为“老黄牛”式的员工就是好员工，但事实上，“努力”工作的人并不一定会受到上司的赏识。即使你付出了百分之二百的努力，如果没有给企业带来实际的效益，要想得到老板的赏识也是不太可能的。在这个以效率为先、靠业绩说话的时代，努力工作固然重要，但更重要的是要用脑子，苦干很难得到认可和赏识。

对于企业来说，员工的工作能力要靠正确的方法来体现。不论是公司或个人，学习优秀的工作方法都能极大地提高效率和效能。一个人在工作中常常难以避免被各种琐事、杂事所纠缠。有不少人由于没有掌握高效能的工作方法，而被这些事弄得筋疲力尽，心烦意乱，总是不能静下心来去做该做的事，或者是被那些看似急迫的事所蒙蔽，根本就不知道哪些是最应该做的事，结果白白浪费了大好时光，致使工作效率不高，效能不显著。

有一位知名的物理学教授睡到半夜醒来，发现自己的实验室里依然灯火通明。他来到实验室里，看到自己的一名学生正在实验台前忙碌着。教授关心地问道：“怎么这么晚还没休息？你现在做实验，白天都做些什么了呢？”

学生回答：“我白天也在做实验。”

教授稍微停顿了一下，说：“勤奋固然很好，但令我好奇的是，你把所有的时间都花在做实验上，用什么时间来思考呢？”

这位自以为好学不倦的学生，用了所有的心力在实验上，却忽略了思考才是学习的根本，实验的目的只是帮助思考而已，结果本末倒置。埋头苦干、积极投入的态度固然是好的，然而不懂得如何思考，盲目透支精力却是不必要的。成功者往往会在行动之前深思熟虑，然后再去卖力工作。在工作中，不要只知道去做事情，而要经常坐下来想一想。如果你不能让出些时间去思考、制订计划、安排优先顺序，你的工作就会变得更加辛苦，同时你也很难享受到聪明的工作所带来的收益。因此，在知识经济时代，仅仅有埋头苦干的精神已经不够了，我们不仅要努力工作，更要学会工作方法。唯有用对方法，干出成绩来的员工，才是不会被淘汰和取代的人才。

有个工厂，由于产品质量有问题，连续亏损了 17 年。后来改进了产品质量，工厂转亏为盈。但随着订货数量的加大，工人常需要加班加点。星期天加班不算，就连过春节，厂长还宣布不休息，发 40 元奖金作为补偿鼓励。这一措施引起许多职工的不满，尤其是单身汉，更是恼火。他们找到厂长，对厂长说："你能不能积点德，我们好不容易找了个对象，你星期天不让休息，也就算了，春节还加班，要是对象吹了，怎么办？"

厂长说："我体谅你们的困难，但订货多，任务紧，你们说怎么办？"

工人说："如果我们超额完成任务，你能不能给我们假日奖励。你们当领导的天南海北都跑遍了，让我们工人也出去开开眼。"

厂长采纳了这条意见，宣布只要完成任务，超额 30%的给三天假期，超额 200%的给两个星期假期。这个措施一宣布，中午吃饭，食堂人少了，带上两个馒头在车间吃；5 点钟下班，你往外轰他也不走，他要超额。

为什么没有了加班费，工人的积极性反而高了呢？原因很简单，因为假日最适合他们的需要。可见，找对方法就解决了问题。工作不是消极被动的"打工"，也不是表面上的"完成任务"。工作的实质，就是解决那些妨碍我们实现目标的各种各样的问题。有问题是正常的，没有问题才不正常。每一位员工，也许每天都要面对层出不穷的问题，而问题永远不会自动消失。最好的办法，就是对问题负责，勇敢地面对问题，开动脑筋解决问题。

所以，在小公司工作的秘诀很简单，就在于善于开动脑筋去想办法。作为一名优秀的员工，你要做的是善于动脑筋，将问题处理好。凡事必有解决的方法，找对了方法，抓住问题的关键点，对症下药，问题自然迎刃而解。

3.

努力思考，做问题的终结者

工作中总是有层出不穷的问题和困难，不要习惯性地认为这些问题、困难是属于上司和老板的，和我们无关。事实恰恰相反，那正是小公司员工需要做的事情。

有一个青年在报上看到一则招聘启事，正好是适合他的工作。第二天早上，当他到达应聘地点时，发现应聘队伍已经排了20多人，而公司只招两人。如果是一般人，看到这种情况，肯定会打退堂鼓了。但是，这个青年思考了一会儿后，拿出一张纸，写了几行字，很有礼貌地对老板的秘书说："小姐，请您把这张便条交给老板，这件事很重要。谢谢！"

这位秘书将纸条交给了老板，老板打开纸条，看后微笑着交还给秘书。秘书也把上面的字看了一遍，笑了起来，上面是这样写的："先生，我是排在第21号的人，请不要在见到我之前作出任何决定。"

这个青年最终如愿地得到了工作，这就是巧妙思考的价值。在工作中要想克服困难，就必须善于思考，总结经验，找出方法和规律。这样才能顺利解决难题，提高自己的工作效率。

在小公司里，工作中出现问题了应该怎么办呢？答案只有一个，那就是要彻底地解决它，不留任何后患。在小公司工作就要能够勇敢地解决问题，闯过道道难关通向胜利。如果对问题视而不见，指望别人替自己把问题解决好，或者幻想问题自动消失，问题就会不断地骚扰你。我们去看看那些高绩效的员工，那些靠着某些因素成功的"幸运儿"，他们从来不曾回避问题，从来不曾惧怕困难。他们总是积极地思考，不仅能够透过表面现象看到问题的本质，更能从中找出有效解决问题的办法，因此，他们总是能够克服别人克服不了的困难，解决别人解决不了的问题。

汽车大王亨利·福特，被誉为"把美国带到轮子上的人"。一次，他想制造一种V8型的发动机。当他把这个想法跟工程师交流时，工程师们都认为只能在图纸上设计，但绝对不可能在现实中制造出来。尽管如此，福特仍然坚持说："想办法制造出来。"工程师们很不情愿地开始了尝试，几个月后，他们给福特的回答是："我们无能为力。"但福特还是说："继续尝试！"

一年多过去了，还是没有结果，所有的工程师都觉得无论如何都该放弃了。但福特仍然坚持"必须做出来"。就在这时，有一位工程师突发灵感，找到了解决办法。福特终于制造出了"绝不可能"成功的V8型发动机。

为何工程师们认为"绝不可能"的问题，最后还是在福特的"逼迫"之下解决了呢？关键的一点，就是员工们敢于积极思考，想尽一切办法去做。工作的最终目的不是坚持不懈，更不是将问题挤压。而是找准正确的方法去解决问题。在小公司里工作，你要做的不是一味地表决心和一味地咬紧青山不放松，而是善于动脑筋，将问题处理好。

迪斯尼乐园刚刚建成的时候，建筑大师格罗培斯为各个景点之间的路径犯了愁。他为这所乐园的建设费尽了心思，马上就要开放了，但是却为连接各个景点的路的设计而陷入了困境。尽管他是一个有着数十年设计经验的老专家，但是对于如何设计一条能够使人们感到和这个童话王国相匹配的路的问题上，还是有点为难了。

他左思右想，不得方法。公园开业在即，园方一再催促他加快设计。有一天,他在自家房前的草坪上散步,忽然想到一个主意。与其进行纷繁复杂的设计,倒不如来个简单的策划,让游客自己选择。说做就做,他马上让员工们在乐园里都种上草,并立即开放。

就这样,一个没有路的迪斯尼乐园出现在人们的面前。过了数月之后,一条条弯弯曲曲的优美道路出现在人们面前,并和乐园的童话色彩形成了完美呼应。最终这条道路的设计方案还获得了伦敦国际园林建筑艺术研讨会的最佳设计奖。

问题不是一个贬义词,它是每个员工成长中的一个必然过程。如果我们把问题作为一个停止前进的理由,那这确实就是一个问题;如果我们发现问题后,积极主动地去处理它,将看似麻烦的问题转变成自己的机会,那问题恰好是我们迈向成功的一个台阶。因此,一些优秀的人会找到更有效的方法,将效率提高,将问题解决得更好。正因为他们有这种找方法的意识和能力,所以能以最快的速度得到他人的认可。

在小公司里,老板聘请员工,是请他来解决问题的。可以说,解决问题是员工的职责所在,否则他就失去了被聘用的前提。因此,在小公司工作要做问题的终结者。而不是放下工作,中途逃避、退缩。

4. 寻找巧妙方法,将困难化解于无形

有句阿拉伯谚语说得好:“你若不想做,会找到一个借口;你若想做,会找到一个方法。”在小公司里工作,任何问题都有解决方法,我们首先要做的是抛开任何的借口,只有这样,才会积极地去想办法解决问题,并在这个过程中不断地征服困难、不断地超越自我、不断地尝试、不断地更新,

体会到更多东西，学习到更多经验。

圆珠笔在诞生之后，因为笔尖的磨损，经常造成油墨的泄漏，弄脏衣物和纸张，而众多技术人员在解决这个问题时把主要的精力都放在了如何提高笔尖的坚固方面，例如采用硬度最高的金刚石，却因为不合实际而陷入困局。后来日本一男子转而从油墨入手，他经过试验发现普通的滚珠在书写15000字左右就会变小，发生漏墨现象。于是他把笔芯里的油墨减少，控制在能书写15000字的容量，当笔尖磨损时，油墨就用完了，这样就圆满解决了圆珠笔头漏墨的问题。

遇到困难时，用正确的思维方法思考，往往就能找到解决的方法。所以，世上只要有困难，就会有解决的方法。方法总比困难多，只是你暂时没有找到合适的方法而已。在小公司里，最优秀的员工必是善于动脑之人。有头脑的忠诚员工是企业最有价值、最有发展前途的员工。要想成为一名优秀的员工，在对待工作中的问题时，就要尽一切可能去寻找解决问题的正确方法。

华人首富李嘉诚的名字可谓是家喻户晓。他初涉商海时，就是一个通过找方法去解决问题的高手。他先是在茶楼里做跑堂的伙计，后来应聘到一家企业当推销员。做推销员首先要能走路，这一点难不倒他，以前在茶楼整天跑前跑后，早就练就了一副好脚板，可最重要的还是怎样千方百计地把产品推销出去。有一次，李嘉诚去一栋办公楼推销一种塑料洒水器，一连走了好几家都无人问津。一上午过去了，一点成绩都没有，如果下午还是毫无进展，那这一天就白跑了。尽管推销颇为艰难，他还是不停地给自己打气，精神抖擞地走进了另一栋办公楼。他看到楼道上的灰尘很多，突然灵机一动，没有直接去推销产品，而是去洗手间，往洒水器里装了一些水，将水洒在楼道里。经他这样一洒，原来脏兮兮的楼道一下变得干净了许多。这样一来，立刻就引起了办公楼清洁人员的兴趣，向他购买了洒水器。就这样，一下午他就卖掉了十多台洒水器。

李嘉诚最后之所以能推销成功，就是因为他找对了推销的策略，巧妙地将洒水器的功用明明白白地展示给了自己的潜在客户，并赢得了实实在在的订单。

在小公司里，很多时候，我们并没有做好自己的工作，究其原因，其实就是在错误的时间、错误的地方，用了错误的策略做了错误的事情，最终只能收获一个错误的结果。事实上，任何事情的发生、发展都有自己的规律，哪怕是突发事件，也有起因和结果，关键是我们能否找到最关键、最巧妙的办法来解决这些问题。

日本最大的一家化妆品公司发生了一起空肥皂盒事件。这家公司接到了一份投诉，一位顾客抱怨说他买的一盒肥皂是空的。于是，这家公司立刻停止了生产线，从包装部门一直检查到销售部门，直到找出肥皂到底是在哪一个环节遗失的。经理要求工程师解决这个问题。很快，工程师设计了一个配备高分辨率监视器的X光设备，它需要两个人来监控通过生产线的肥皂盒，以保证其中没有空盒。无疑，他们很成功，但干得很辛苦。

另一家小型化妆品公司也遇到了同样的情况，但是一名普通雇员用另一种方法解决了这个问题。他没有使用X光监视器，也没有使用其他昂贵的设备，而是买了一台大功率的工业风扇。他把风扇摆在生产线旁，装肥皂的盒子逐一在风扇前通过，只要有空盒便会被吹离生产线。

显然，工程师很努力，但是小公司雇员的方法更巧妙。在工作中，再棘手、再古怪的问题总会有解决的方法，如果用常理无法解释，一定会有其他的路可以走，关键是看你是否知道如何变通。工作中的问题总会有解决的方法，关键是看你是否知道怎样创造性地完成任务。寻找巧妙方法就是创造性地思考新方法、新策略。在工作中，许多员工抱着坚守岗位的态度，一切因循守旧，缺少创新精神，认为创新是老板的事，与己无关，自己只要把分内的工作做好就行，舍此无他。这种思想实在要不得。

法国美容品制造商伊夫·洛列是靠经营花卉发家的，他在一次新闻发布会上感触颇深地说道："能有今天，我当然不会忘记卡耐基先生，他的课程教给了我一个司空见惯的秘诀，而这个秘诀我尽管经常与它擦肩而过，但却从未能予以足够的重视，也没有把它当作一回事来对待。而现在我却要说，创新的确是一种美丽的奇迹。"

伊夫·洛列1960年开始生产美容品，到1985年，他已拥有960家分号，在全世界星罗棋布。伊夫·洛列生意兴旺，财源茂盛，摘取了美容品和护肤品的桂冠。他的企业是唯一使法国最大的化妆品公司劳雷阿尔惶惶不可终日的竞争对手。这一切成就，伊夫·洛列是悄无声息地取得的，在发展阶段几乎未曾引起竞争者的警觉。他的成功完全依赖于他的创新精神。

1958年，伊夫·洛列从一位年迈女医师那里得到了一种专治痔疮的特效药膏秘方。这个秘方令他产生了浓厚的兴趣，于是，他根据这个药方，研制出一种植物香脂，并开始挨家挨户地去推销这种产品。

有一天，洛列灵机一动，何不在《这儿是巴黎》杂志上刊登一则商品广告呢？如果在广告上附上邮购优惠单，说不定会有效地促销产品。这一大胆尝试让洛列获得了意想不到的成功，当他的朋友为他的巨额广告投资惴惴不安时，他的产品却开始在巴黎畅销起来，原以为会泥牛入海的广告费用与其获得的利润相比，显得轻如鸿毛。

当时，人们认为用植物和花卉制造的美容品毫无前途，几乎没有人愿意在这方面投入资金，而洛列却反其道而行之，对此产生了一种奇特的迷恋之情。

1960年，洛列开始小批量地生产美容霜，他独创的邮购销售方式又让他获得巨大成功。在极短的时间内，洛列通过各种各样的销售方式，顺利地推销了70多万瓶美容品。

如果说用植物制造美容品是洛列的一种尝试，那么，采取邮购的销售方式，则是他的一种创举。时至今日，邮购商品已不足为奇了，但在当时，这却是闻所未闻的。

1969年，洛列创办了他的第一家工厂，并在巴黎的奥斯曼大街开设了他的第一家商店，开始大量生产和销售美容品。

伊夫·洛列对他的职员说："我们的每一位女顾客都是王后，她们应该获得像王后那样的服务。"

为了达到这个宗旨，他打破了销售学的一切常规，采用了邮售化妆品的方式。公司收到邮购单后，几天之内把商品邮给买主，同时赠送一件礼品和一封建议信，并附带着制造商和蔼可亲的笑容，这使得邮购几乎占了洛列全部营业额的50%。洛列式邮购手续简单，顾客只需要寄上地址便可加入"洛列美容俱乐部"并很快收到样品、价格表和使用说明书。

这种经营方式对那些工作繁忙或离商业区较远的妇女来说无疑是非常理想的。如今，通过邮购方式从"洛列美容俱乐部"获取口红、描眉膏、唇膏、洗澡香波和美容护肤霜的妇女已达6亿人(次)。伊夫·洛列通过邮购建立了与顾客的固定联系。他的公司每年收到近8000余万封函件，有些简直同私人信件没有两样，附着照片和亲笔签名，畅叙友情，表达信任，写得亲切感人。当然，公司的建议信往往写得十分中肯，绝无生硬地招徕顾客之嫌。这些信中总是重复地告诉订购者：美容霜并非万能，有节奏地生活是最佳的化妆品。而不像其他商品广告那样，把自己的产品说得天花乱坠，功效无与伦比。

公司通过电脑建立了1000万名女顾客的卡片，每逢顾客生日或重要节日时，公司都要寄赠新产品和花色名片以示祝贺。这种优质服务给公司带来了丰硕的成果。公司每年寄出邮包达900万件，相当于每天3万～5万件。1988年，公司的销售额和利润增长了30%，营业额超过了25亿法郎，国外的销售额超过了法国境内的销售额。如今，伊夫·洛列已经拥有了400余种美容系列产品和800万名忠实的女顾客。伊夫·洛列通过辛勤的劳动和不断的思考，找到了走向成功的突破口和契机。

洛列曾说过一句著名的话："如果你想迅速致富，那么你最好去找一条创新捷径，不要在摩肩接踵的人流中随波逐流。”做市场，是讲求手段与策略的。如果一味地跟随别人的步伐，而没有丝毫的创新，市场只能越做越小，越做越死。有时，一点小小的创意，一个小小的变化，便可以改变产品的市场格局，赢得良好的业绩。

因此，在小公司里，一个小小创新就可以使企业在激烈的市场竞争中胜出，总是因循守旧地坚持传统的模式，是很难脱颖而出的。所以，创新的意识不能忽视。世界上因创新而获得成功的人不胜枚举。创新不需要天才。创新只在于找到新的改进方法。任何事情的成功，都是因为能找出把事情做得更好的方法。能找出把事情做得更好的方法，就是创新。在小公司工作，我们要敢于创新。

5. 把问题留给自己而非领导

老板是负责公司整体管理、为公司制定发展战略的人，而不是全体员工的“问题汇总站”。老板雇用员工的目的，就是解决工作中的各种问题。老板有老板自己的问题需要解决，而员工也应该认识到，解决问题是自己的工作职责。所以，工作中遇到问题时，要明白这是自己分内的事，而不要把问题留给老板。

台湾有一位博士，在意大利某名牌店买鞋。最合脚的尺码卖完了，他选了一双小一号的，但有一点紧。他想到，反正鞋穿穿会松的，就要掏钱买，可售货员却拒绝卖给他，理由是顾客试穿表情不对劲，“我不能将顾客买了会后悔的鞋子卖出去”。显然，这个售货员是一个真正不把问题留给老板的员工，因为他不仅是在做老板“吩咐”他做的事，而且更懂得老板和公司吩咐他做事的结果,把令人满意的服务提供给消费者。

与此相反,还有这样一个案例:

某公司里来个新会计,做报表的态度很认真,报表的格式也做得漂漂亮亮,整整齐齐三张纸。可惜,报表上的数据与实际发生额相差甚远,不仅老板看了一头雾水,连她自己对报表上的原始数据的来源也都说不清楚。实际上这张报表成了一张废纸,在公司管理层作决策时一点参考价值都没有。这位会计没有发现工作中的核心价值,她虽然表面上完成了任务,却仍然是把问题带到了老板那里。

在小公司里工作,老板看的是业绩,要的是结果。因此,小公司的员工应当认清自己的职责,把问题留给自己,把业绩留给老板。工作的实质就是凭借我们自身的能力、经验、智慧,凭借我们自身的干劲、韧劲、钻劲,去克服困难,解决那些妨碍我们实现目标的问题。逃避问题、把问题留给上司、指望问题自动消失,这些都不是办法,也是不可取的。

因此,把问题留给自己是一种魄力,更是一种可贵的品质。解决工作中的问题,是每个人的基本职责。而且也只有在面对困难、解决问题的过程中,才能激发我们潜藏的力量,唤醒我们沉睡的智慧,从而帮助我们实现能力的飞跃,使我们有能力去实现自己的理想。

20 世纪 80 年代,可口可乐与百事可乐的竞争达到了白热化,可口可乐的部分市场被百事可乐蚕食,如何收复失地成为可口可乐新上任的 CEO 古兹威塔最重要的任务。可口可乐的管理者提出了各种方案,试图从百事可乐的手中抢夺市场占有率。当大家都将问题聚焦在与百事可乐竞争的问题上时,古兹威塔却提出了这样一个问题:

“美国人平均一天消耗多少液体饮料?”

他的下属回答:“14 盎司。”

古兹威塔继续问道:“那么可口可乐占其中多少?”

答案是 2 盎司。由此,古兹威塔做出了一个具有战略高度的决策:让可口可乐成为饮料市场的消费主流,挤占市场上那

12盎司的水、咖啡和牛奶等,而不仅仅专注于同百事可乐在几盎司的可乐市场的争夺。可口可乐的目标是:当人们想要喝些什么的时候,首先想到的是可口可乐。为此,可口可乐采取了一系列措施来提高其在整个饮料市场的占有率。通过提出正确的问题,通过站在更高的角度解决问题,可口可乐再次超越了百事可乐。

可口可乐的案例给了我们一个重要的启示:被问题牵着鼻子走,并不能够帮助我们解决问题。在工作中,人与问题的关系是猎手与猎物的关系。要么,人是猎手,问题是猎物。要么,人是猎物,问题是猎手。不是你消灭它,就是它消灭你。一个优秀的人,总能在第一时间察觉问题、并妥善处理。我们不该放过任何的苗头,应该认真加以重视,直到把问题产生的根源找到,并将问题解决。职场中,成功者与失败者的分水岭,就在于前者能够勇敢地解决问题,闯过道道难关通向胜利。而后者却像鸵鸟一样把头钻进沙子里,对问题视而不见,指望别人替自己把问题解决好,或者幻想着问题自动消失。在小公司里工作,我们应该做前者,而不是后者。

2002年1月22日,美国第一大零售商凯玛特正式申请破产。其实早在1999年,凯玛特就开始表现出走下坡路的迹象,这可以从下面这件事情中看出端倪:

在1999年的凯玛特总结会上,一位高级经理认为自己犯了一个“错误”,他向坐在他身边的上司请示如何更正。这位上司不知道如何回答,便向上级请示:“我不知道,您看怎么办?”而上司的上司又转过身来,向他的上司请示。这样一个小小的问题,一直推到总经理帕金那里。帕金后来回忆说:“真是可笑,没有人愿意积极思考解决问题的办法,而宁愿将问题一直推到最高领导那里。”

对于老板来说,拿出最好结果的员工才是最有价值的员工。凯玛特的破产,可以说很大程度上毁于这些将问题推来推去的职员身上。如果面对问题,你总不能妥善解决,那么问题就会成为你工作的负担,这样,不只是你本人的不幸,也是你老板的不幸。

在小公司里，常常可以看到很多职员在工作中不尽心尽力,不仅没有创造价值,反倒留下一大堆问题。他们的想法是:我能做到什么程度就做到什么程度,反正公司是老板的,他不可能不管,我做不好,他自然会来替我做。更有甚者,他们在接受任务时,就采取拒绝的态度,说“我做不了”。这可是一种既危险又愚蠢的态度。如果你不尽力,老板被迫亲自来解决你工作中的问题时,那么,你离丢掉饭碗的日子也就不远了。所以,当工作中遇到问题时,不要幻想逃避,也不要犹豫不决,更不要依赖他人,而要敢于面对和迎接,敢于作出自己的判断,勇于自己拿主意,让所有的问题在自己的岗位上就可以完美地解决,而不是推给别人或是留下尾巴。

第五章　拒绝浮躁，小公司的每一份工作都要认真对待

一个员工能不能做好工作，要看他对待工作的态度。在这个物欲横流的时代，浮躁之风也在职场上蔓延。许多人工作三心二意，马马虎虎，根本不想脚踏实地干事，这对工作、对个人的害处都很大，必须改正。作为小公司员工要拒绝浮躁，认认真真地去做好每一件事。只有将工作处理得尽善尽美，稳步地向高处迈进，才能实现自己的人生和事业目标。

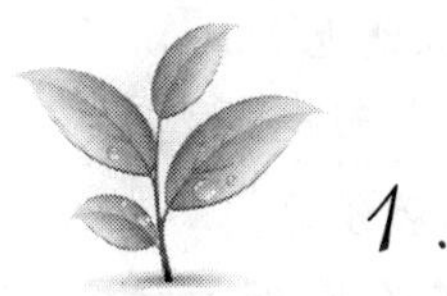

1. 小公司拒绝工作“差不多”

在小公司工作要做到精益求精，就要摒弃“差不多”的心态。在我们的工作和生活中，“基本”“好像”“几乎”“大约”“估计”“大致”等声音不绝于耳，工作中不抓落实，不追求细节，马马虎虎，毛毛躁躁，无所谓的现象依然存在。究其原因，就是差不多先生的理论——“差不多就好，何必太认真呢”在作祟。殊不知，这种“差不多”想法导致的最终结果却是“差很多”。

胡适先生写了一篇《差不多先生传》，深刻地描绘了这种“差不多”的心理：你知道中国最有名的人是谁吗？提起此人可谓无

人不知。他姓差，名不多，是各省各县各村人氏。你一定听别人谈起过他。他常常说："凡事只要差不多就好了，何必太精明呢？"

他小的时候，妈妈叫他去买红糖，他却买了白糖回来。妈妈骂他。他摇摇头道："红糖和白糖不是差不多吗？"

他在学堂的时候，先生问他："直隶省的西边是哪一个省？"他说是陕西。先生说："错了。是山西，不是陕西。"他说："陕西同山西不是差不多吗？"

后来他在一个钱铺里做伙计。他会写也会算，只是总不精细，"十"字常常写成"千"字，"千"字常常写成"十"字。掌柜的生气了，常常骂他，而他只是笑嘻嘻地说："'千'字比'十'字只多一小撇，不是差不多吗？"

有一天，他为了一件要紧的事，要搭火车到上海去。他从容地走到火车站，结果迟了两分钟。火车已在两分钟前开走了。他瞪着眼，望着远去的火车上的煤烟，摇摇头道："只好明天再走了，今天走同明天走，也还差不多。可是火车公司未免也太认真了，8点30分开同8点32分开，不是差不多吗？"他一面说，一面慢慢地走回家，心里不明白为什么火车不肯多等他两分钟。

有一天，他忽然得了一种急病，叫家人赶快去请东街的汪大夫。家人急急忙忙地跑去，一时寻不着东街的汪大夫，就把西街的牛医王大夫请来了。"差不多先生"病在床上，知道寻错了人，但病急了，身上痛苦，心里焦急，等不得了，心里想道："好在王大夫同汪大夫也差不多，让他试试看吧。"于是这位牛医王大夫走近床前，用医牛的法子给"差不多先生"治病。不一会儿，"差不多先生"就一命呜呼了。

"差不多先生"差不多要死的时候，断断续续地说道："活人同死人也差……差……差……不多……凡事只要……差……差……不多……就……好了，何……何……必……太……太认真呢？"他说完这句格言，方才绝气。

"差不多"表面上看起来豁达、不计较、与世无争，但实际上对个人、对集体、对国家，害莫大焉！“差不多”思想绝非“阳光心态”，说到底它是一种对个人、对社会不负责任的体现，是一种慵懒的处世哲学。在小公司里，我们经常听到有人说“别太卖力！差不多就 OK!”这些人做事追求“差不多”，那么最终他们将失去这份工作，到时候，受到损害的不是这份工作，因为自然会有别人接着去做，而真正受到损害的是他们自己。

小何与小卜是在同一次招聘中进入现在这家公司的。从学历、能力上来说，小何要略胜小卜一筹。正如大多数老板都喜欢聪明的员工一样，这家公司的老板在开始的时候更看重小何一些。小何他们进公司没多久，部门的主管就离职了，大多数的人都认为这个职位非小何莫属。老板却有些难以做出决定，因为他觉得小卜也不错。为了能够选出一个最合适的部门主管，这位老板搞了一次主管竞争上岗的活动。他在一次例会上宣布小何与小卜为主管候选人，并且给了他们一个月的期限，到时由整个部门的同事根据他们这段时间的表现，投票选举决定谁为主管。

转眼间一个月的时间过去了，投票选举结果出来了，选举小卜为主管的票数远远超过了小何。老板便当众宣布小卜为这个部门的新主管。

小何心中不服，认为自己的学历和能力都要比小卜强，他才是真正适合这一职位的最佳人选。他认为这次选举不公平。他找到了老板，把自己的想法说了出来。没料到原本支持小何的老板在这个时候变得支持小卜，他对小何说，这次的选举是公平公正的。他们这一个月的表现不但告诉了他，并且告诉了整个部门的所有员工，谁才是真正适合他们的主管。

究竟是什么原因促使原本大有希望的小何与主管这一职位擦肩而过呢？其实起着决定作用的并不是学历和能力，而是他们面对工作的态度。小何输就输在没有像小卜那样专心致志，全力以赴地工作，而是万事只求一个过得去，差不多就可以了。

工作中没有差不多，差不多就是差很多，就是一种对工作做不到位而不负责任的托词。工作中,每一件事都值得我们去做。即使是最普通的事,也不应该敷衍应付或轻视懈怠。在小公司里,每个员工都是企业的一分子,如果每个人都是“差不多”“还行吧”,不但会导致企业难以获得利润,甚至还会因不慎造成重大事故。因此,我们做任何工作,都要认真负责,对自己要求严格,尽我所能,做到尽善尽美。

这里有一组数据,也许会让差不多的支持者大吃一惊。如果99.9%就算够好了的话,那么,在美国——

每年会有11.45万双不成对的鞋被船运走;

每年会有200万份文件被美国国家税务局弄丢;

每年会有250万本书的封面被装错;

每年会有2万个处方被误开;

每年会有550万盒式饮料质量不合格;

每天会有3056份《华尔街日报》内容残缺不全;

每天会有12个新生儿被错交到其他婴儿的父母手中;

每天会有2架飞机在降落到芝加哥奥哈牡机场时,安全得不到保障;

每小时会有1822份邮件投递错误……

99.9%的合格率,尚且让人如此触目惊心,而对很多企业、很多员工来说,根本还没有达到这一合格率呢!不要以为产品的合格率与你无关,万一将不合格的工作成果投放社会,说不定何时它就会影响到你或你的亲朋好友的生活甚至生命,这样的后果,是你所乐见的吗?因此,在小公司工作必须尽快同“差不多先生”告别。无论你在什么岗位上,无论什么时候,一定要尽力追求完美,拒绝“差不多”。

2. 世界上怕就怕“认真”二字

在小公司工作，成就事业和人生的方法有很多，但其中认真是最基本的准则。如果连认真都做不到，那其他诸如责任、敬业等品质就根本无从谈起。一个员工如果不能做到认真工作，那他的才能也就无法尽情展现，他对公司的忠诚度也缺乏基础，他对工作的投入程度就会大打折扣。

有一个商场招聘收银员，经过筛选有3位小姐进入了复试。复试由老板主持，当第一位小姐走进老板的办公室时，老板拿出一张一百元的钞票，要这位小姐到楼下去给他买一包香烟。这位小姐觉得自己还没有被正式录用，就被老板无端指使，将来的工作一定会有很多麻烦事，于是干脆地拒绝了老板的要求，气冲冲地离开了老板的办公室。

第二位小姐走进办公室后，老板也拿出了一张一百元的钞票，要她去买一包香烟。这位小姐很想给老板留下一个好印象，于是爽快地答应了。可是，当她到楼下买香烟时，却被告知这张一百元的钞票是假的，没办法，她只好用自己的一百元买了香烟，又把找来的零钱全部交给了老板，对假钞的事只字未提。

第三位小姐也同样被要求去买香烟。当她接过老板递过来的一百元钞票时并没有转身就走，而是仔细地看了看钞票，马上就发现这张钞票不大对劲儿，于是很客气地要求老板另外再给她一张钞票。老板微笑着拿回了那张一百元钞票，第三位小姐被录用了。

结局是如此的不同，原因是如此的让人扼腕叹息。也许在平常的生活中，我们都可能会去验证那一百元钞票的真假，但为什么换了个场合就变得容易忽视了呢？看来，还是没有做到真正的认真。工作从认真开始。认真不仅仅是一种对待事业和人生的态度，一种职业精神，它更是一种重要的能力。一旦认真渗入进自己的骨髓，融进自己的血液，你就能焕发出一种神奇的能量。社会发展越来越快，激烈的竞争对人的能力和素质都提出了更高的要求。如果我们想提高自己的能力，就必须把自己培养成一个认真的人。

有一天，美国通用汽车公司的庞蒂克型号的项目部门，收到了一封客户的抱怨信。

信是这样写的："这是我为了同一件事第二次写信给你们，我不会怪你们为什么没有回信给我，因为我也觉得别人会认为我疯了，但这的确是一个事实。我们家有一个传统的习惯，就是我们每天在吃完晚餐后，都会以冰激凌当作饭后甜点。由于冰激凌的口味有很多，所以我们家每天在饭后才投票决定要吃哪一种口味，等大家决定后我就开车去买。但自从最近我买了一部新的庞蒂克后，在我去买冰激凌的这段路程中问题就发生了。你知道吗？每当我买的冰激凌是香草口味时，我从店里出来后车子就发动不了了。但如果我买的是其他口味，车子就很容易发动。我要让你知道，我对这件事情是非常认真的，尽管这个问题听起来很愚蠢。为什么每当我买了香草冰激凌它就发动不了？为什么？为什么？"

庞蒂克的总经理对这封信心存怀疑，但他还是派了一位工程师去查看究竟。当工程师找到这位客户时，很惊讶地发现这封信竟出自于一位事业成功、乐观、且受过高等教育的人。工程师安排与这位客户的见面时间，刚好是用完晚餐的时间，两人于是一个箭步跃上车，迅速往冰激凌店开去。那个晚上这家人的投票结果是香草口味，当买好香草冰激凌回到车上后，车子又发动不起来了。之后，这位工程师又如约来了三个晚上。

第一晚，巧克力冰激凌，车子没事。第二晚，草莓冰激凌，车子也没事。第三晚，香草冰激凌，车子就不能发动了。

工程师当然打死也不相信车子对香草过敏，但他仍然不放弃，继续安排相同的行程，希望能够将这个问题圆满解决。工程师开始记下从开始到现在发生过的种种详细数据，如时间、车子使用油的种类、车子开出以及开回的时间。最后，他们终于找到了答案。

原来，这位顾客买香草冰激凌所花的时间，比买其他口味的冰激凌要少一些。这也和这家冰激凌店的内部设置有关。香草冰激凌是所有冰激凌口味中最畅销的口味，店家为了让顾客每次都能很快地取到，便将香草冰激凌陈列在单独的冰柜里，并将冰柜放置在店的前端。至于其他口味的冰激凌，则放置在距离收银台较远的后端。

现在，工程师所要解决的疑问是，为什么熄火时间较短，发动机就会出问题？问题出在蒸汽锁，因为等待的时间较短，引擎太热以至于无法让蒸汽锁有足够的散热时间。据此，通用的工程师进一步改良了汽车的散热设备。

如果你是总经理，会把这样的抱怨信置之不理吗？如果你是工程师，是否会当场断定，冰激凌的种类和汽车发动毫无关系，当然，也就不会发现蒸汽锁出了问题？不过是车子多发动两次而已，这在很多人看来，可能不是什么值得较真的问题，大不了少吃几次冰激凌罢了，对大局不会有什么影响！然而，在上面的这个案例中，情况却是不同的：认真的顾客对车子提出认真的抱怨，认真的工程师则对问题进行了认真的分析。这种对工作一丝不苟的要求，也正是通用汽车能成为世界上最大的汽车生产公司的原因之一。

认真是什么？认真就是不放松对自己的要求，就是严格按规则办事做人，就是在别人苟且随便时自己仍然坚持操守，就是高度的责任感和敬业精神，就是一丝不苟的做人态度。在小公司里，许多时候人们在外界条件一致的情况下，采用同一种方式做同一件事，但效果却很不相同甚至有天壤之别，这是为什么？原因就在于“认真”二字。

朴春生是锦西炼化的机泵维护专家，他爱“较真儿”也是出了名的，无论是多小的零件或多小的问题，他都得研究个透，设备运转和工作制度，都要一丝不苟地执行。

厂里的蒸馏装置的机泵90%以上都在高温状态下运行，机泵冷却系统的橡胶密封圈在高温下极易老化而失去密封作用。经常出现泵盖冷却水泄漏问题。要进行修复，就必须对设备全部解体，可机泵大多数都使用波纹管密封技术，每次检修都要更换波纹管密封件。这对朴春生而言是个心病——他不能允许这样的瑕疵存在。

经过反复研究，朴春生提出把泵盖做改动，用耐热巴金垫替换橡胶圈。机泵厂家的专业设计人员拿到朴春生的改动方案后，惊奇地说："你们锦西炼化真是有高人，这个设计完全可以申报专利。"

按照朴春生的设计，厂家生产的新泵很好地解决了冷却水泄漏的问题。可新的问题又来了，如果全部更换新泵，那企业花的钱将不是几万、几十万元的小数目。朴春生再次挑起重任，很快，他又拿出在原泵盖上进行改造的方案。他先把泵盖进行堆焊，然后再进行车削加工，这种改造既经济又实用，很快就应用到同类型的所有机泵上。

朴春生对设备有严谨细致的管理办法。他把每个装置的设备都作了一本账，每台设备都设一张卡，通过这一账一卡随时就能查出每台机泵的修理次数和故障原因，有了这个"病历"，维修人员很容易就能对症施治。

对设备如此，对人也一样。朴春生当了维修一班班长后，他的较真儿劲儿又用到班组管理上。他接手这个班的时候正是企业重组改制初期，班组成员大都是20多岁、思想活跃的年轻人，维护经验少，维护水平低就成了这个班组最大的难题。

朴春生打出的第一拳是加强劳动纪律。他推出10条规定和经济考核细则，以身作则，对违反纪律的班员该罚多少就罚多少，一点也不手软，一点也不讲情面。第二拳是实行工时制，改变过去干多干少一个样的局面，充分体现出多劳多得的分配原则。在维修车间实行工时制，朴春生可算是锦西炼化第一人。第三拳是强化学习制度，建立学习室，只要有时间，就给班员灌输业务知识。工作中，有意给年轻人压担子，逼着年轻人多学技术。三拳打出，班组的工作效率、整体素质和设备维护水平有了很大的提高，成了维修车间最过硬的班组。

朴春生说："干什么事都得要有个认真劲儿，认真做了才会有收益。"就是凭这股较真儿劲儿，他自己连同所带领的团队凭着严谨细致的作风出色地完成了一个又一个任务，本人也成了全国劳模，多次被评为锦西炼化优秀党员。因此，在小公司里，工作需要你再认真一点。认真是21世纪的核心竞争力。一个人的能力再强，如果他不愿意付出努力，那他就不可能创造优良业绩。而一个认认真真、全心全意做好工作的员工，即使能力稍逊一筹，也会创造出最大的价值。只有养成认真的习惯，我们才能提高工作效率，才能充分展现自己的能力，才能在自己的职业生涯中获得成功。

3. 做什么工作都决不抱怨

在我们身边，有太多的人整天抱怨。迟到了，抱怨时钟走得太快；工作太累了，抱怨老板；生活困难了，抱怨没有一个好老爸、没嫁个好老公。一些人总在抱怨，似乎老天爷就是对他不公，似乎他就是这个世界上最倒霉的人。可是，抱怨并不能解决实际问题，抱怨只能让你自己变得越来越不快乐。

有这样一个故事：一个穷得家徒四壁的三口之家，儿子瘦得皮包骨，爸爸妈妈只好带着孩子到街口乞讨。然而一整天的乞讨也没有丝毫收获，小孩快饿晕过去了。爸爸妈妈非常着急，他们于是非常虔诚地央求上帝拯救他们的儿子。不久，上帝派遣使者来到他们身边。使者对这一家三口说，我可以为你们每人实现一个愿望，这家人听了将信将疑。先是孩子的妈妈迫不及待地对使者说："我要一整车的面包，让我的儿子吃得饱饱的！"话音刚落，眼前便真的出现了一车面包。孩子的爸爸先是非常惊奇，转而又怒火中烧——不停抱怨妻子没头脑，浪费这么好的机会只换来了一车不值钱的面包。当使者问他有什么愿望时，他愤怒地说："我不要这些廉价面包，请把这笨女人变成一头蠢猪！"刚说完，孩子的妈妈果真变成了一头猪，面包也突然消失了。这可把孩子吓坏了，他看着眼前的"猪"不住地伤心哭泣，小男孩赶紧哭着对使者乞求："求求您，我不要猪，我要妈妈！"瞬间，妈妈又真的变回来了。使者很无奈地说："我已给了你们希望了，但是，你们因为抱怨把机会全浪费了。"说完，使者就消失了。一家三口又回到了之前的状态，没有面包、没有猪，孩子饿得直哭。

抱怨的最大受害者是自己。你抱怨，等于你往自己的鞋子里倒水，使行路更难。困难是一回事，抱怨是另外一回事。抱怨除了会失去跟前的利益以外，很多时候不但不能解决问题，还会使问题恶化。如果抱怨上了瘾。不但人见人厌，没有人愿意与你合作，自己也整天不耐烦，性格脾气也会改变。因此，在小公司里，与其抱怨，不如改变心态，努力工作。

抱怨会削弱员工的责任心，降低员工的工作积极性，这几乎是所有老板一致的看法。在现实工作中，有太多人虽然受过很好的教育，并且才华横溢，但在公司里却长期得不到提升，主要是因为他们不愿意自我反省，总是怀疑环境，对工作抱怨不休。当一个人喋喋不休地抱怨时，就会引起周围人的注意。一旦出现有同感的话题，就会瓦解他人的积极想法，让其也情不自禁地加入到抱怨中来。可以说，抱怨像幽灵一样到处游荡、扰人不安。为了公司的健康成长，老板必然会大力整顿，找到抱怨的根源，毫不留情地给予清除。所以，抱怨会让你厌倦企业，同时也让企业厌倦你。抱怨，会让你失去工作动力。

小马是一家汽车修理厂的修理工，从进厂的第一天起，他就开始喋喋不休地抱怨，什么“修理这活太脏了，瞧瞧我身上弄的”，什么“真累呀，我简直讨厌死这份工作了”……每天，小马都是在抱怨和不满的情绪中度过。他认为自己在受煎熬，在像奴隶一样卖苦力。因此，小马每时每刻都窃视着师傅的眼神与行动，稍有空隙，他便偷懒耍滑，应付手中的工作。转眼几年过去了，当时与小马一同进厂的三个工友，各自凭着精湛的手艺，或另谋高就，或被公司送进大学进修，独有小马，仍旧在抱怨声中做着他讨厌的修理工。

我们之所以抱怨，问题并不是出在工作上，而是出在我们自己身上。在小公司里，有不少人自命清高、眼高手低。他们动辄感到被老板盘剥、替别人卖命、打工，是别人赚钱的工具，因而在思想上产生了严重的抵触情绪，聪明才智没有用来思考如何做好上级交给的工作，而是整日抱怨。把大好的光阴和大把精力，在蹉跎中白白浪费掉了。这一现象，在一些刚走出校园进入社会的人身上尤为突出。他们总对自己抱有很高的期望，认为以自己的学识和才干，应该从事一些体面的工作，并得到重视。但事实上刚刚跨入社会的年轻人，由于缺乏工作经验，无法被委以重任，工作自然也不是他们所想象的那样体面。然而，当老板要求他去做应该负责的工作时，他就开始抱怨起来：“我被雇来不是要做这种活的。”“为什么让我做而不是别人？”对工作就丧失了起码的责任心，不愿意投入全部的力量，敷衍塞责，得过且过，将工作做得粗陋不堪。长此以往，嘲弄、抱怨的恶习，将他们卓越的才华和创造性的智慧悉数吞噬，使之根本无法独立工作，成为没有任何价值的员工。因此，一个人一旦被抱怨束缚，不尽心尽力，应付工作，在任何单位里都会自毁前程。

在《杜拉拉升职记》中，杜拉拉在玫瑰休假时一个人包揽了两个主管和一个经理的活儿，加班加点埋头苦干，几乎没让李斯特费心，把项目搞得顺顺利利。可是，她做梦都没想到，李斯特却不认为她的功劳有多大，反而认为搬家是靠搬家公司，装修是靠装修公司。行政部并没起多大作用。杜拉拉真是吃力了还不讨好。遇到这样的事谁都难免会抱怨，产生抵触情绪。但杜拉拉没有这么做。她觉得自己的功劳之所以被埋没，重要的原因是缺乏和李斯特的沟通，使他没有意识到部下的工作有多繁重和艰难。于是杜拉拉立刻调整了工作方式，把主要的工作任务和安排做成清晰简明的表格发送给老板，让他对下属的工作量有个概念。遇到难以处理的问题，杜拉拉就带着解决方案去找李斯特。这一番改进之后，杜拉拉和李斯特之间建立起了信任。

扫除抱怨，才能让自己更多的聪明才智效力于事业发展！摒弃抱怨，才能使自己的人生道路更加平坦！因此，在小公司里，抱怨是不必要的。不抱怨的你会更接近成功，不抱怨的世界更加和谐。与其到处宣扬自己有多努力，贡献有多大，不如把时间精力花在冷静反思上，想通了原因、想好了对策，你的成功就会随之而来。

4. 任何时候都想着把工作做好

职场中的你，不管从事的是什么工作，在哪个岗位，只有把工作做好了，才是对企业最好的回报。因为每个企业都是一个有组织的机构，而员工是构成这个企业的要素。只有每个员工每天做好工作，才能保障企业的正常运转。

“如果大家都做得不好，那么，微软离破产就只有15个月！”这就是比尔·盖茨时常告诫员工的话。这听起来有些耸人听闻，然而，仔细品味，确实发人深省！在有关企业的回忆录中，比尔·盖茨这样写道：“早期的计算机时代是这样的，一周有几十个新公司诞生,不到一年就都换了老板。我们为每一个新公司新设计的机型配置我们的 BASIC,每天忙于东奔西跑,看到的却是公司的雇员频繁更换,老板频繁更换。”

比尔·盖茨说这些话时年近四十岁,设身处地地在他的位置上想一想,看着一家又一家公司走马灯似的换将,他又怎能不担心自己公司的前途?“我们当时真没想到我们公司的未来会怎样,那时我与艾伦谈论较多的话题是我们在湖滨男校时就多次谈论过的——做软件公司能活下去吗?艾伦说:‘只要我们将它做到最好,应该没问题。’于是我们继续没命地工作,力求事事做到最好,也正是这种信念,让微软坚持到了今天。”

比尔·盖茨深知,微软要么成为行内的龙头老大,要么被人吞并或者破产。同理,作为员工,你要么做得很出色,要么就离开。事实就是这么无情,道理就是这么简单!所以,比尔·盖茨对微软员工们的要求是:“我不要求你们一天 24 小时的工作,我只希望你们尽全力把分内的事情做好。”无论做什么事,要做就要做到最好,这样才有抵御风险的能力,才能在竞争中保持优势。

每个人都有自己的职位,每个人都有自己的工作准则。社会上每个人的位置不同,职责也有所差异,但不同的位置对每个人却有一个最起码的工作要求,那就是:把工作做好。医生的职责是救死扶伤,军人的职责是保卫祖国,教师的职责是培育人才,工人的职责是生产合格的产品。要么你做好,要么你就别做。

张刚是《齐鲁晚报》的记者,2000 年大学毕业后,他一头扎进社区,在胡同里走街串巷,与普通百姓交朋友。刚开始,面对跑社区成天和居委会老大妈打交道的任务张刚也非常郁闷,觉得既没有面子也没有出息。老父亲对他说:“在单位,要多干活,吃公家饭别张狂,千万别学成二流子。”朴实的话让浮躁中的张刚沉静下来。有人说,大灾大难方显记者本色;危险、刺激的地方才好施展身手,然而,他描绘的是百姓最真实的生活,反映的都是普通人身边的故事。第一次去槐荫区五里沟办事处,一位工作人员真诚地说:“我们这里很长时间没来过记者了。社区里不是没有新闻,而是没有记者。”在振兴街社区,老主任韩大妈亲切地拉着他的手:“以后可要常往这里跑,往居民家里跑啊。”

从此,一辆自行车、一张地图、一瓶矿泉水成了张刚的基本装备。他所跑的槐荫区,有12个街道办事处、100多个居委会。张刚每天6点起床,到宣传部了解情况后就往小区里跑。有时半天就能跑两三个居委会,中午随便找个小摊吃点饭,然后又在小巷子里转。

长期和老百姓心贴心,使张刚对新闻事件的判断也多了一份深沉。有一年8月,正是济南市节水保泉的关键时刻,当其他记者眼睛盯着关闭自备井、引入黄河水时,张刚在社区里发现了建筑抽水黑洞这一问题,专题报道发出后引起很大反响。山东省委一位老同志特地给张刚打电话,赞扬这是节水保泉文章里最有深度的。

随着市民对张刚信任度的增加,报社于2002年推出《张刚在您身边》专栏,这是山东新闻界第一个以记者名字开设的新闻专栏。多年来,他以饱满的热情,深入社区、扎根社区、服务社区,走千街巷进万家门,写出一篇篇反映百姓酸甜苦辣的新闻稿件。他以实事求是的思想作风、忘我投入的职业作风和关爱民生的负责作风,坚定不移地践行着“三贴近”的真谛,赢得了百姓尊重,从一名“胡同记者”成长为人大代表。

把工作做好就是张刚对自己做工作的期待。当浮躁成为一种社会风气,并表现在一部分记者身上时,张刚对自己的要求是沉下去。沉下去,就一定有新闻,沉下去,就能得到百姓的认可。如今“有事找张刚”,成为济南市民常常挂在口头上的一句话。“张刚现象”叫响了齐鲁新闻界。发生在老百姓身边有意思的新闻故事,每天都有很多,但很多记者没有挖到好新闻,是因为他们没有像张刚一样沉下去,没有像张刚一样负起责任来把工作做好。所以,不管你从事什么样的工作,平凡的也好,令人羡慕的也好,都应该抱着尽心尽责的态度,全身心地投入工作,最后你获得的不仅是完美的工作,还会有人格上的自我完善。

铁路质检员刘发根用踏踏实实的工作态度做好了每天的工作，并且通过他出色的职业技能获得了全国劳模的称号，争取到免费上大学的机会。在接受采访时记者问道："你能收获这样出色的成绩，有什么秘诀吗？"刘发根说："我没有什么秘诀，就是把每天的工作做好，不要辜负乘客对我的信任。"

刘发根所在的南昌车辆段一直以来都非常重视对人才的培养，在营造尊重人才、尊重知识的氛围的同时，建立健全激励机制，增加技术人员展现自我的机会，让像刘发根这样的一线技术人员得到更全面的培养和锻炼，甚至在全国脱颖而出。刘发根在学习技术方面比其他人要刻苦得多，不仅在工作的四年间，相继排除了70多件车辆故障，确保了列车运行安全和旅客的安全，而且在参加技能大赛时，熟记了7000多道业务题，最后在全国铁路行业技能大赛中，他凭借过人的技术能力获得了全国第一名的优异成绩，同时打破了保持多年的竞赛纪录。刘发根先后荣获"全国五一劳动奖章""全国技术能手"等多项荣誉称号，给企业带来荣誉的同时，也为自己赢得进一步深造的机会。

也许我们不可能像刘发根那样成为全国的技能第一，但是我们完全可以在自己选择的领域里做一个像刘发根那样的人。在小公司里，任何值得做的事情，都值得做好，任何值得做好的事情，都值得做得尽善尽美。因此，把工作做好应该成为我们每个人的工作目标。无论在什么情况下，无论做什么事，一旦承担下来，我们就应该下定决心，严格要求自己，做好每一项工作。只有这样，我们的生活才会逐步变得开阔和充实。我们的个人价值才会得到逐步的提升！

5. 追求完美，不给工作留遗憾

作为一名员工，无论从事什么工作，都要全力以赴，追求完美，能做到这一点，才不会为自己的前途操心。衡量一个员工工作效果的标准就是看这个人在工作过程中是否追求完美。成功者无论从事什么工作，都不会轻率疏忽，满足现状。相反，他会在工作中以最高的规格要求自己，追求完美、力求最好。对于老板来说，这样的员工才是最有价值的员工。

小刘和小吴是一家公司里的两名优秀职员，在对待工作上，都能够尽职尽责。但是，他们两个人的差别就在于，小刘认为自己尽职尽责地完成了自己岗位上的工作后，便觉得自己的工作已经努力到家了，而小吴则要求自己在尽职尽责之外，还要力争把工作做到尽善尽美。三年后，小吴成为了这家公司的副总经理，而小刘还是一名业务主管。

"追求完美"，今天已经成为许多公司的工作准则。其实它更应是我们为人处世的一种态度，一种精神，一种境界。在小公司里工作，"追求完美"其实就是用"零缺陷"的态度要求自己。"零缺陷"理念从根本上讲是一种旨在引导员工行为的意识和认识，它的出现及相关理论的发展是对质量管理理论的深化。这是对我国有着深远传统思想的"差不多"标准的一次革命。

"零缺陷"的概念产生于美国。零缺陷之父菲利浦·克劳士比之所以走上零缺陷推广之路，就源于态度的转变。克劳士比的职业生涯始于一条生产线的品管工作，他当时尝试多种方法向主管说明他的理念："预防更胜于救火。"他先后任职的公司包括：1952 年于克罗斯莱公司；1957 年至 1965 年于马丁·玛瑞塔公司，以及 1965 年至 1979 年于 ITT。在克罗斯莱的时候，他对与质量相关的知识努力学习不遗余力，几乎读遍当时所有的质量书籍，并且加入美国质量学会成为会员。在担任马丁·玛瑞塔公司的质量经理时，克劳士比曾经提出"零缺陷"的观念与计划，并因此于 1964 年获得美国国防部的奖章。菲利浦·克劳士比对世人有卓越贡献及深远影响，被尊为"本世纪伟大的管理思想家""品质大师中的大师""零缺陷之父"。

在小公司里，"零缺陷"意味着我们每一次都要满足工作过程中的最高要求。面对竞争日益激烈的市场环境，企业必须建立顾客利益至上的思想，完全满足客户的需求和期望，这就要求任何公司产品的质量都不允许出现半点瑕疵，对产品的品质追求"零缺陷"。因为"差不多就好"，对产品的质量进行妥协，都可能对顾客造成百分之百的损失，而这对公司信誉造成的损失更是巨大的，可能使所有的工作前功尽弃。

劳斯莱斯堪称世界完美的汽车，它大量使用手工劳动，一直到今天，它的发动机还完全是用手工制造。此外，他的车头散热器的格栅完全是由熟练工人用手和眼来完成，不用任何丈量的工具。一台散热器需要一个工人一整天的时间才能制造出来。所以它成为英国王室专用车已有数十年的历史，而沙特国王、日本王子都对劳斯莱斯情有独钟。

劳斯莱斯的创始人亨利·莱斯是一个精益求精、追求完美的人。他经常说："小事产生完美，但完美绝非是小事。"1903 年，亨利·莱斯为自己买了一台法国轿车，但是由于经常出现故障，莱斯非常失望，于是他自己设计出一辆两缸发动机汽车。1904，第一辆完全由莱斯自己设计制造的汽车打造完成。此后劳斯莱斯的高贵品质就来自于它质量的完美。其造车技术继承了英国传统：精炼、恒久、巨细无遗。劳斯莱斯的吉祥物即带着翅膀的欢乐女神，更是劳斯莱斯追求完美的一个绝好例子。

失败的最大祸根，就是从小养成敷衍了事的习惯，而成功的最好方法，就是把任何事情都做得精益求精、尽善尽美，让自己经手的每一件事，都贴上“卓越”的标签。在小公司里，一个人做自己要做的事应该有这样的态度：要么不做，要做就做得最好。这就是渴望取得成功这一心理的根源所在。因此，你必须认真踏实地对待工作，追求完美工作。

在很多企业里，一些人往往忽视“零缺陷”理念，不肯把事情做得尽善尽美，只用“还好”“足够了”来衡量。结果，因为没有把“地基”打牢，计划中的各项细节没有安排妥当，不是做到半途便停止下来，就是工作秩序陷入混乱。没多久，整个计划便像一栋不扎实的房屋一样轰然倒塌。这种敷衍了事的态度及粗陋的工作作风，终究是一事无成。所以，做好工作的最佳标准就是把工作做到完美无缺。

一位客户来李超的汽车销售店看了很多次车了。一直在考虑是选择李超销售的思域还是另一家销售的标致307。客户对汽车销售顾问李超说：他认为思域成交价要贵2000元，而307性价比更高。恰恰当时的李超因为生活中的一些琐事，心里比较烦躁。并没有对这位客户进行及时跟踪。几天后。当李超在网上查阅了关于307的详细资料，打电话询问客户选择什么车型的时候，客户却已经选定了标致307，并缴纳了订金。

事后，李超为自己的工作没有做到尽善尽美而后悔不已：“如果提前两天致电客户，用详细的资料来说服他，很可能这个客户就不会丢了。”有了这次经历，李超对自己的工作更加用心了。他认真总结了自己的汽车销售经验，发现现在的客户越来越专业。如果仅仅想用唬客户的方式是无法拿到订单的。许多客户都是手里拿着一大沓包括北京、上海、广州等车型的报价和性能的打印资料来看车的。客户最常说的一句话就是“不是想便宜，只是不想吃亏”。所以李超对自己的工作提出了完美要求。如何卖车不是最重要的，关键是如何卖得更多，如何在卖车的过程中学到知识，维护稳定的客户关系。不能因为个人的服务和销售技巧而流失客户，工作要尽力，要做到尽善尽美，不能留有遗憾。不久，李超就因为工作出色而被提升为店长。

如果你从不敷衍工作，工作自然不会亏待你；如果你长期以来对工作持一种敷衍了事的态度，那工作中的许多机会也会无视你的存在，你在事业上将很难有所成就。在小公司里，把工作做到尽善尽美，追求卓越，你会从工作中获得更多的回报。因此，我们追求工作的完美，仅仅是尽职尽责还不够，还要把自己的工作做到尽善尽美。完美是无止境的，因此要不断地追求完美，超越卓越。

第六章　天道酬勤，小公司里多一份付出才能多一份的收获

有付出就会有回报。努力做好每一件事情，力争高效地完成，不是为了看到老板的笑脸，而是为了自身的不断进步。在职的每一天都充满着机会，小公司员工只要不懈努力、不断地充实完善自己，尽心尽力地工作，实际上你已经为未来某一时间创造出了一个成功的机会，一定会有美好结果。

1. 小公司勤奋工作才有前途

法国著名文学家拉·封丹说："勤劳是最可靠的财富。"意大利历史学家拉·乔尼奥里说："勤劳是产生一切力量、一切道德与一切幸福的源泉。"确实，不论你从事何种职业，位于何种职位，只有懂得勤劳地用双手去工作的人，才能做好手中的工作，职业之路才能越走越宽。

大家都知道刘德华，论唱歌他没有张学友那样动人的歌喉，比电影他没有梁朝伟那样精湛的演技，但是，他却用勤奋的精神征服了亿万的歌迷和影迷。17 岁的刘德华刚步入娱乐圈时，只能算做是浩瀚大海中的一滴水，寂寞夜空中的一颗星，平凡而普通。从演小配角开始，摸爬滚打，对于一个没有背景、没有靠山

的人而言，除了勤奋，别无选择。

刘德华开始学唱歌时，是一片倒彩声；在尝试写歌词时，前辈断言他文理不通，应该先去中文系学几年再说；即使唱红之后，依然有电台老板评论他根本不懂唱歌，也没有唱歌的天分。别人花一个小时能做成的事，他需花三个小时才能做成。然而，通过坚忍不拔的执著和努力，这个“笨小孩”最终成为香港“四大天王”和“十大杰出青年”之一。直到现在，他的歌依然唱得红红火火，演电影也是一流水平，是演艺圈里不可多得的“常青树”。

刘德华自己说，他最大的特点就是勤奋，下的功夫比别人多三倍，才能和别人一样。在小公司里工作，最重要的就是勤奋。在这个世界上，投机取巧是走不出成功之路的，偷懒更是永远没有出头之日。在小公司里，并不是具有杰出才能的人就容易得到提升，只有那些勤奋刻苦，并有良好技能的人才有更多的机会。

在小公司里，也许你的老板可以控制你的工资，限制你的权限，可是他却无法蒙住你的眼睛，堵上你的耳朵，阻止你去发现，去思考，去学习。换句话说，他无法阻止你为今后的职业生涯付出努力，通过努力获得应有的回报也是你的权利，他人无法剥夺。亚历山大·汉密尔顿说：“有时候人们觉得我的成功是因为天赋，但据我所知，所谓的天赋不过就是努力工作而已。”

在今天这个充满机遇和挑战的社会里，要想让自己抓住机遇脱颖而出，就必须要求自己付出比其他人更多的勤奋和努力，积极进取，奋发向上，才能够达成愿望。在平凡岗位上辛勤工作的人是如此，在领导岗位上的人更是如此。勤奋努力与时代、与行业、与岗位都没有太大的关系，勤奋努力的工作精神更不会过时，到现在，甚至到将来，勤奋仍将会是最被看重的职业精神。

周玖军是颐而康公司汨罗店的保安员、采购员、维修工、炊事员、锅炉工……只要你能想到的后勤工作，他可能都做过。当清晨第一缕阳光洒落大地时，他的身影可能已经在蔬菜批发市场了，买菜回来紧接着就是烧锅炉、倒垃圾，中午吃饭后便开始在停车棚承担起保安的工作，下午休息时又去做维修，晚上有时还帮食堂换煤、做夜宵……他的一天，忙碌而又充实，如今他已经成为汨罗店的一位身兼数职的“要员”。

2008年进颐而康，从一名保安员开始做起的他，由于恪尽职守，年底又兼任了门店的物资采购员。而这一年的冬天，湖南遭遇50年一遇的雪灾，市场菜价一下子猛涨，这可把刚刚上任采购员的他急坏了，为了既要控制成本又让大家吃上新鲜蔬菜，他四处联系菜源，这么大的雪，市面上肯定是没有便宜的菜卖，于是他跑到几公里外的田间地头寻找，终于找到一个蔬菜种植的农民，周玖军冒着严寒和大雪从菜地里一个人摘菜又一个人扛回店里，硬是买到了比市场上最低批发价还便宜的新鲜蔬菜。难怪门店的财务人员都佩服道：“周叔花钱买来的东西，我们绝对放心！”而周玖军自己也骄傲地说：“如果你买的菜比我买的菜价格低，那菜钱就由我来出。”

在很多人看来，采购员相当于一个家庭的“财务部长”，要做好是一件非常不容易的事，但周玖军真的把这当成自己家的事情，秉承主人翁的态度处处为公司着想，站在公司的立场，做好成本控制，主动把握进货渠道，小到买菜买肉、大到采购柴油燃料，他都做到“货比三家”。他说，要买到物美价廉的东西，就是要两条腿跑得勤快。

只要勤奋工作，就能激活人的内在激情，就能使人增长才能，催人奋进。已经是保安员、采购员的周玖军，有一次店里的内线电话坏了，兼职的维修师傅嫌每月500元的工资太少，推脱不来了。但正常营业离不开内线电话，周玖军看在眼里急在心上，于是找到店长主动请缨让自己试试，这一试便一发不可收拾，之后公司电火炉、风干机、电灯、电话、水管等坏了，周玖军样样都能修好，大家惊讶之余对他更是刮目相看，店长说：“干脆把那兼职维修的500元工资给周玖军加上。”但他却不肯要，反而开玩笑似的说：“其实我也没做什么，修理那些东西我也是跟别人学的，不懂就问，不会就学，一边摸索一边请教慢慢也就懂了，很多人觉得我兼了维修但没多加工资不值得，可我学会了很多以前不懂的东西，公司没让我交学费我就很感谢了。”

在小公司里，只要勤奋，一切皆有可能！勤奋刻苦是一所学校，所有想要有所成就的人都必须进入其中，在那里可以学到有用的知识，独立的精神和坚忍不拔的习惯也会得到培养。其实，勤劳本身就是财富，如果你是一个勤劳、肯干、刻苦的员工，就能像蜜蜂一样，采的花越多，酿的蜜也越多，你享受到的甜美也就越多。

在一些人眼里，勤奋是一种过时的东西。他们认为在现代社会需要的是头脑和机遇，只要两者兼备便可以轻松成功。这种认识显然是错误的，因为无论在任何时候做任何工作，勤奋都是成功不可或缺的必备条件。汽车大王福特说：“如果你们说一个人很有前途，那我必须质问一句：他努力工作吗？”他的意思就是只有一个勤奋的人才真正有前途。要想在这个时代脱颖而出，你就必须付出比以往任何时代更多的勤奋和努力，拥有积极进取、奋发向上的决心，否则你只能变成一个毫无价值和没有任何出路的人。

2. 今天的工作决不留到明天

今天该做的事拖到明天完成，现在该打的电话等到一两个小时以后才打，这个月该完成的报表拖到下个月，这个季度该达到的进度要等到下一个季度。这种凡事都留待明天处理的态度就是拖延。这是一种“明日待明日”的工作习惯。在小公司里，如果你总是把问题留到明天去解决，那么明天就是你失败的日子。

一个星期天的下午，快下班时阿肯色州哈里逊沃尔玛商店的药剂师杰夫接到店里打来的电话，一名店面的同事通知他，有一个顾客，是糖尿病患者，不小心将她的胰岛素扔进垃圾箱处理掉了。杰夫知道，一个糖尿病患者如果没有胰岛素就会有生命危险，所以他立即赶到店里，打开药房，为这位顾客重开了胰岛素。当天的事当天做好，这就是公司员工实现沃尔玛所遵循的日落原则的众多事例之一。

日落原则是沃尔玛公司的标准准则，它指的是今日的工作必须在今日日落之前完成，对于顾客的服务要求要在当天予以满足，做到日清日结，决不延迟。任何事情如果没有时间限定，就如同开了一张空头支票。只有懂得用时间给自己压力，到时才能完成。所以，在小公司里我们每个人最好制定每日的工作时间进度表，记下事情，定下期限。每天都有目标，也都会有结果。

在小公司里，永远不会有一步登天的事情发生，任何人要想脱颖而出，唯一的机会就是把今天的工作做好，在普通平凡的工作中创造奇迹。今天能做到的事情、今天能完成的工作，为什么要留到明天去做呢？要是每件事情都要放到明天去做，那还谈什么效率、谈什么工作？把今天的工作做完吧，因为明天你又会有新的工作。

日本有一个非常著名的禅师名叫亲鸾上人，他在九岁的时候就立下了要出家的决心。当时他希望一位老禅师能够为他剃度，老禅师对他说："我明白你已经下定了出家的决心，我愿意收你为徒，不过今天太晚了，待明日一早再为你剃度吧！"

亲鸾上人说："师父，我已经等不到明天了。你说明天一早就会为我剃度，但是我终是年幼无知，不能保证自己出家的决心是否可以持续到明天。而且，师父你那么高龄，你也不能保证是否明早起床时还活着啊！"

他说的这一句话最终感动了老禅师，老禅师满心欢喜地说："对的！你说的话完全没错。我现在就为你剃度吧！"

中国古代曾有一首著名的《明日歌》："明日复明日，明日何其多，我生待明日，万事成蹉跎。”假若一切都等待明日来做，那么我们将一事无成。同样，如果你计划一切从明天开始，你也将失去成为成功者的机会。明天不过是你懒惰和恐惧的借口。

今天的工作今天必须完成，因为明天还会有新的工作。今天的事情拖到明天，只会让自己更被动，感觉头绪更乱、任务更重。所以，不把今天的工作做好，就不可能拥有辉煌的明天。

崔淑立是海尔洗衣机海外产品经理。崔淑立接手美国市场时，大家都认为拿下美国的客户罗杰斯先生非常难！因为多位产品经理都没能打动罗杰斯先生。真有这么难吗？崔淑立不信。这天，崔淑立一上班就看到了罗杰斯先生发来的要求设计洗衣机新外观的邮件。因时差 12 个小时，此时正是美国的晚上，崔淑立很后悔，如果能即时回复，客户就不用再等到第二天了！从这天起，崔淑立决定以后晚上过了 11 点再下班，这就意味着可以在当地上午的时间里处理完客户的所有信息。三天过去了，“夜半日清”让崔淑立与客户能及时沟通，开发部很快完成了新外观洗衣机的设计图。就在决定把图样发给客户时，崔淑立认为还必须配上整机图，以免影响确认。当她逼着自己和同事们完成“日清”——整机外观图并发给客户时，已经是晚上的 12 点了。大约凌晨 1 点，崔淑立回到家，立刻打开家中电脑，当她看到客户的回复：“产品非常有吸引力，这就是美国人喜欢的。”她顿时高兴得睡意全无，为自己的“夜半日清”有效果而兴奋不已！样机推进中，崔淑立常常半夜醒来打开电脑看邮件，可以回复的就即时给客户答复。美国那边的客户完全被崔淑立的精神打动了，推进速度更快了，罗杰斯先生第一批订单终于敲定了！其实，市场没变，客户没变，拿大订单的难度没变，变的只是一个有竞争力的人——崔淑立。崔淑立完全有理由说：“有时差，我没法当天处理客户邮件。”但她只认目标，不说理由！崔淑立说：“有时差，也要日清！”

在小公司里，当日事当日毕是一个出色的工作技巧。日事日毕即对当天发生的各种问题(异常现象),在当天弄清原因,分清责任,及时采取措施进行处理,防止问题积累,保证目标得以实现。在竞争日趋激烈的今天,时间就是速度,速度就是财富,这更要求我们向海尔学习做到"今日事,今日毕"。

在小公司里,工作成绩是自己努力做出来的,生活是自己创造的,成功离你并不遥远,它就在你的脚下。你想成为什么样的人,就会成为什么样的人。十年后、二十年后你的状态是由你今天的行为和思想决定的。当你在小公司养成了"今日事今日毕"的能力,并把它当作自己的行为准则时,你离成功就不远了。

3. 提前一步,就离机会近了十步

小公司讲究速度,注重效率。在竞争激烈的时代,要如何在同辈之间冒出头?其方法就是要比别人提前一步,这一步常常就会在关键时刻,让你比别人多一些机会。在任何行业中,只要能够想到比别人领先一步,就能够抢占先机,在你的行业中,处于竞争优势。

威勒是18世纪美国最负盛名的房地产商和银行家。但他在发迹之前不过是一家银行里一个普通的职员。他本来是在一个亲戚的店铺里帮忙,因为勤快肯干,深为亲戚信任,就让他负责跑银行的业务。因为经常到银行去,同银行里的人就熟悉了。银行老板看他机灵诚实,决定聘请他做银行的职员。在银行里,威勒的才华很快显露出来,升为主管,负责对房地产方面的投资。

18世纪正是美国历史上大规模的开发建设时期,房地产开发炙手可热。在华盛顿的近郊有一块地皮，威勒认为有无限的开发前景，应该买下来。银行里其他的同事没有人同意他的观点，他们认为那里偏僻荒凉，不会有开发的前景，投进去很可能就烂在了那里。但是威勒凭自己的看法认为，美国的经济正在进入大发展的时期，无数的农民拥到城市里来，华盛顿用不了几年就人满为患，必须扩大城市规模，而那块地无论从哪个方面说都是开发建设的首选。同事们不以为然。

老板也拿不准，但是凭着自己对威勒的信任，决定让威勒放手去买这块地皮，并负责那里的开发。也就在威勒买下地皮，办完有关的法律程序，刚刚开始开发的时候，华盛顿市政府做出了一个决定，要在那里兴建新的商业中心，发展为华盛顿的新城。威勒一年前买下的地皮在一夜之间飞涨了10倍。所有的同事都对威勒佩服得五体投地。

威勒的这一个决定让银行老板一夜之间挣了数百万美元。老板为了表彰威勒，特别奖励了威勒10万美元。在那个时候的美国，拥有10万美元已经是很了不起的事情。威勒决定以这些资金为资本，自己干一番事业。他从自己熟悉的房地产开始，逐步扩大到许多行业，后来成为美国著名的房地产开发商和银行家。

威勒成功的秘诀，就在于一个机会还没有显示出它的价值的时候，当别人都不以为然的时候，他凭借自己的能力和智能，提前一步发现了它潜在的趋势。日本著名企业家盛田昭夫说："我们慢，不是因为我们不快，而是因为对手更快。如果你每天落后别人半步，一年后就是一百八十三步，十年后即十万八千里。"在工作中，比别人跑得更快才有赢的机会。这就要求我们在最短的时间内又快又好地完成任务。

张雪刚进入一家培训公司的时候并不特别显眼，相对于其他员工来说，她学历不是最高，工作也不对口。一次，老板急于为次日的论坛找些时间管理方面的资料，就把这个任务交给了张雪。仅仅三个小时，她就找了好几万字的资料，分门别类地打印出来，但因为时间紧急，老板没有太多时间去消化，就对她说："你把今天找到的补充资料重点给我讲讲。"张雪站起来绘声绘色地讲了起来。

第二天，老板带着张雪出席论坛，在一些需要案例的时候，张雪就以讲故事的身份出现，尽管台下坐的都是老总，但她表现得非常自信、大方，而且故事讲得很精彩，台下的那些老总都听得很入神。张雪利用自己在这方面的优势，最终也成为一名讲师，比起那些同时期进入公司还在做助教的同事，她的发展是最好的。

张雪之所以比她的同事发展的速度更快，就在于她不仅埋头检索资料，还比别人提前一步多做了准备。现代社会一切竞争都围绕着速度，与速度密切相关。谁抓住了速度，谁就走到了时代的前头，抓住了未来。一件事让一个人做要花七天时间，但是另外一个人却需要花一个月才可以把这个事做好，之间的差别是什么？就是速度。在小公司里，冠军秘诀只有一个：永远快人一步、永远走在别人前面的人。起跑领先一小步，人生领先一大步。

1955的一天，刘文汉在美国克利兰市的一家餐馆里和两个美国商人共进午餐。席间，他们谈到如何开创一门新副业，使之在美国得到畅销，其中一个美国商人开玩笑似的说了两个字"假发"。刘文汉反问一句："假发？"那人点点头说："假发。"言者无意，听者有心。当时连假发是什么都不知道的刘文汉凭着他敏锐的感觉和聪明的头脑，认为假发会给他带来财富。于是他千方百计地找到当时香港独一无二的假发师，经过假发师的帮助，刘文汉生产出品质优良的假发。刘文汉的假发制造业为他开创了史无前例的黄金时代，香港也差不多在一夜之间成为假发制造业之都！刘文汉也被称为香港"假发之父"。

但是事情并没有结束。拥有领先意识的刘文汉很快又发现了一个机会。从20世纪60年代起经营假发制造业，到1970年假发销售已达40亿港元，产品仍然是供不应求。但刘文汉并没有被一时的辉煌冲昏头脑，他发现假发制造业竞争者日益增多，繁荣的假发市场背后已经显露出衰退的迹象。于是，他当机立断，急流勇退，回到他的出生地澳大利亚，去开创葡萄酒酿造业。他先把离悉尼只有10公里远的一家葡萄园买下，接着又动用上千万港元，买下了当地一家酿酒厂。到了20世纪70年代后期，美国的假发业如潮水般消退，香港的假发制造厂商纷纷关门倒闭。刘文汉却在海外安然无恙，而且还拥有一家位列全澳前10名的大酿酒厂。

提前一步，就离机会近了十步。刘文汉可谓是这方面的楷模。人生最大的成功，就是在最短的时间内完成最多的目标。这就是领先一步的重要性。所以，在小公司工作，速度就是一切，快慢决定成败。成功的先决条件就是处处领先别人一步，抢占成功的先机，领先一步，步步赢。如果没有领先意识，只是盲目地随波逐流，跟风附和，很难成功。

4. 每天多做一点点

“每天多做一点点”是走向成功的工作准则。成功靠什么？从某种意义上讲，就是靠我们每天比他人“多做一点点”。古人云：业精于勤，荒于嬉。这里所说的“勤”，也就是比别人多做一点点，即付出更多的劳动和努力。不要小看这“一点点”。古语说：“集腋成裘，积沙成丘。”如果我们确确实实地做到每天比别人多做一点点，那么，日积月累，我们就能比别人取得更大的成就，拥有更多的收获。

在小公司里，每天多做一点点，意味着什么呢？意味着改变自己——一件事情会影响一个人的命运，几件事情就会改变一个人的一生。只要你每天多做一点点，每一天都是一个阶梯，都是新的一步——向着既定的目标。换句话说，只有不断地追求才有不断地进步。只有不断地行动，才有不断地成就。每天多做一点点，日积月累，作为小公司员工的你也会踏上成功的阶梯，摘取满意的成果。

五年前，杰利在华盛顿市的一家小酒店担任夜间核数员的工作。有一天晚上，当他正在大堂核实一项数据时，他接到了一个电话。

从显示器上可以看到，这是一个长途电话，杰利接通了电话。

“喂，您好！我是酒店的杰利，有什么可以为您效劳的吗?”

“哦，你好!”传来一个女人的声音，“迈克·杰瑞先生是我的丈夫，他现在正住在你们酒店的家园套房里。明天是我丈夫的生日，我们五岁的女儿，茉丽想送父亲一个小礼物，你是否能帮她一个小忙?”接着，电话里传来了小女孩的声音：

“叔叔，你好！我是茉丽，我想送爸爸一件生日礼物!”

“是什么礼物呢?”杰利问。

“一份有薄煎饼、鸡蛋、熏肉的早餐。那是平时爸爸最喜欢吃的早餐了!”小女孩说。

“太好了！我能为可爱的小姐做点什么吗?”

“请帮我订一份早餐送给爸爸!”

“好的！愿意为你效劳!”杰利很高兴地说。杰利知道，酒店里并没有配套的早餐服务，这也不属于他的工作范畴，但他不愿让小女孩失望。

第二天一大早，是杰利下班的时间，他开车在附近寻找有薄煎饼、鸡蛋和熏肉的早餐。买到早餐后，他让人打好包，当他路过一个小礼品店时，他又停下来，买了一张小贺卡，用一支蜡笔在上面写道：祝爸爸生日快乐！爸爸的乖女儿，茉丽。

然后，杰利返回旅馆，把餐盒送到家园套房的迈克·杰瑞手里，这位父亲又是惊讶又是感激。

杰利并没有认为自己做了一件大好事，他只是不愿意让小女孩失望。他和迈克·杰瑞先生一样，有一个可爱的小女儿，假如茉丽是自己的女儿，他能拒绝她的要求吗？

他问自己。

杰利没有想到的是，这个小小的礼品，这份包含着父女之爱的早餐，给一个长期出门在外的父亲带来了多少的欣慰和快乐——迈克·杰瑞先生得到的是来自家庭的温馨，这份家庭的眷爱并没有因为他的远离而有所减弱，而是陪伴着他，跟随着他，这让他深深感动。

使迈克·杰瑞感动的还有一个原因：酒店的员工杰利，他完全理解这份朴素礼物的珍贵含义，并完美地实现了它。虽然买一份早餐并不需要付出太多精力，但一个能提供如此周到的服务，并在自己的服务中能体现出温情的人，毕竟是少数。因此，在迈克·杰瑞先生离开酒店前，他详细询问了杰利的情况，并将杰利的名字保存在自己的记事本里。

事情已经过去了两年，杰利突然接到了一份邀请函，邀请他参加在纽约举行的一个活动：纽约威尔饭店的开幕仪式，发出邀请的正是那个细心的父亲，他还特意邀请杰利的女儿和妻子参加。

杰利接受了这位父亲的邀请，并细心地为威尔饭店进行了各种数据的核算。像上一次一样，这并不是迈克·杰瑞先生邀请他的目的，但杰利仍然这样做了，照他的话说，这正是他的工作，而他并不在意再多做一点点——他又为迈克·杰瑞的饭店节约了一项不必要的开支。

这件事过去三个月后，杰利再次接到迈克·杰瑞的邀请，他在信里说，如果杰利想要在纽约工作的话，他可以为他提供一个职位——他正期待着有一位像杰利那样的助手，和他一同打理威尔饭店。

杰利又一次接受了邀请，加入到对他来说是一个全新的职务中，由于他在以前酒店工作的经验，他很胜任他新的工作——杰利，就是那位不在乎再多做一点点的核数员，就是那个愿意放弃 40 分钟休息时间，而为一个并不认识的小女孩提供了理想服务的杰利，现在已经是威尔饭店的股东之一，而这件事仅仅过去了五年。

追究杰利的人生发生改变的原因，它的起因也许是一个小小的偶然：一份包着包装纸的早餐，一张不起眼的生日贺卡，仅此而已，但实际的情形却完全不是这样的简单，因为在杰利的日常工作中，充满了这样的琐事，那些在别人看来也许与己无关的事情，杰利的看法却正好相反。他愿意舍弃自己的时间，在自己的工作之外，再多做一点点。他不是一时兴起，也不是突然而来的好心情，不是看着今天的天气，也不是看见老板的身影就在附近的大厅里——与这些都没有关系，他把发生在自己工作中的事，看作是自己的职责和义务，难道你有理由拒绝你的顾客表示自己满意的机会吗？拒绝让他们因为一次周到、体贴的服务，而让整个旅行都成为了美好回忆的机会吗？

杰利没有拒绝这样的机会，没有放弃自己再多做一点点的工作原则，而正是这一小点的工作，使他显得如此与众不同。这样的人，在任何场合都是受人欢迎的，都能给人留下深刻印象。

在小公司里，比别人多一点关心和礼貌。这些东西对于每个人来说，都能够轻而易举地做到，但却并不是谁都会去做，只有做了的人才会得到更多的回报。宇宙中有一种伟大的定律，叫付出定律。它告诉我们，只要你有付出，就一定有获得，获得不够，表示付出不够，想要得到更多，你必须付出更多。一个小公司员工，光是做好工作是不够的，你还要时刻提醒自己，我可不可以为公司、为客户多做一点点呢？其实，每天多做一点点并不会把你累垮，相反，这种积极主动的工作态度将使你更加敏捷主动，给自我的提升创造更多的机会。

著名投资专家约翰·坦普尔顿通过大量的观察研究，总结出这样一条定律："多一盎司定律。"他指出，中等成就的人与突出成就的人所做的工作量并没有很大差别，他们所做出的努力差别很小，如果一定要量化，那么可能只是"一盎司"的区别。确实，比他人多做一点点，不仅是企业对员工的道德要求，更是员工取得成功的前提。比别人多做一点点，这其实并不难，我们已经付出了99%的努力，已经完成了绝大部分的工作，再多增加“一盎司”又有什么困难呢？但是，我们往往缺少的却是“多一盎司”所需要的那一点点责任、一点点决心。在工作中，有很多东西都是我们需要增加的那“一点点”。大到对工作、公司的态度，小到你正在完成的工作，甚至是接听一个电话、整理一份报表，只要能“多做一点点”，把它们做得更完美，你就会获得数倍于“一点点”的回报。

当卡洛·道尼斯先生刚开始为杜兰特工作时，职务很低，而现在，他已经成为了杜兰特先生的左膀右臂，并担任了其下属一家公司的总裁。之所以能如此快速升迁，秘密就在于“每天多做一点点”。

翰林曾拜访道尼斯先生，并且询问其成功的诀窍。他平静而简短地道出了个中缘由：

30年前，我开始踏入社会谋生，在一家五金店找到了一份工作，每年才挣75美元。有一天，一位顾客买了一大批货物，有铲子、钳子、马鞍、盘子、水桶、箩筐等等。这位顾客过几天就要结婚了，提前购买一些生活用品和劳动用具是当地的一种习俗。货物堆放在独轮车上。装了满满一车，骡子拉起来有些吃力。送货并非我的职责，而完全是出于自愿——我为自己能运送如此沉重的货物而感到自豪。

一开始一切都很顺利，但是，车轮一不小心陷进了一个不深不浅的泥潭里，使尽吃奶的劲都推不动。一位心地善良的商人驾着马车路过，用他的马拖起我的独轮车和货物，并且帮我将货物送到了顾客家里。在向顾客交付货物时，我仔细清点了货物的数目，一直到很晚才推着空车艰难地返回商店。我为自己的所作所为感到高兴。但是，老板却并没有因为我的额外工作而称赞我。

第二天，那位商人找到我，告诉我说，他发现我工作十分努力。热情很高，尤其注意到我卸货时清点物品数目的细心和专注。因此，他愿意为我提供一个年薪500美元的职位。我接受了这份工作，并且从此走上了成功之路。

在工作中，有很多时候需要我们比他人每天多做一点点，工作就可能大不一样。在小公司里，尽职尽责完成自己工作的人，充其量只能算是称职的员工。如果你在工作中能多做一点点，你就可能成为优秀的员工。每天多付出一点点，能让你在公司中脱颖而出，这个道理对于普通职员和管理阶层都是一样的。

5. 主动做些分外的工作

在小公司里，许多人都认为做好“分内事”就够了，岂不知这种思想是大大的错误！只有你愿意多做事，别人才会给你更多的机会，你也才能学到更多的东西。对于那些有志于在职场中有所建树的人来说，不妨考虑多去承担一些“分外事”。社会在发展，公司在成长，面对“分外”的工作时，不妨伸出手，并将这作为对自己的一种挑战，一种机遇和一个锻炼自己的机会。

做点儿分外工作，是职业精神的体现，也是个人气度的体现。一些看起来不起眼的小事，也能反映出一个人的工作细致程度、工作态度等等。在小公司里，做好自己的本职工作，是成功的基石。而做好本职工作的同时做点分外事，更能赢得老板的青睐。

几年前，在某次于西班牙举办的国际产品展示会上，吸引了来自世界各地的很多企业参加，其中有不少来自中国的企业。其中，有一家从中国来参会的公司，参展人员由该企业的市场部经理带领。在开展之前，每家参会公司都有很多的准备工作要去做，比如展位的设计与布置、资料的整理与分装、产品的组装等等。要完成好这些准备工作，就必须依靠大家加班加点地去工作才行。没想到,市场部经理带去的这帮安装工人,绝大多数人还跟在国内时一样,不肯多干一分钟活,等到下班时间一到,便纷纷溜回宾馆去了。市场部经理见准备工作还差得很远,便要求他们来把活干完了再去休息。没想到他们竟然说:"一分钱加班费都没有,凭什么让我们干啊,我们有那么傻吗?"更有甚者还说:"经理,你也只是一名打工仔而已,不过就是职位比我们高一点点,别犯傻了,何必为老板那么卖命呢?剩下的活,明天再干吧,来得及!"为了把准备工作及早做好,市场部经理只好和一名主动留下来的安装工人一起,加班加点地在展厅里干活。

在开展的前一天晚上,老板亲自来到展场,检查展场的准备情况,此时已是凌晨一点。令老板感动的是,市场部经理和一个安装工人还在那里辛苦地忙活着,细心地擦着装修时粘在地板上的涂料。令老板吃惊的是,其他人一个也没在。一见到老板,市场部经理就赶忙站起来说:"董事长,您处罚我吧!我失职了,没能让所有的人都来加班工作。"没想到,老板一点也没有责怪他的意思,而是轻轻地拍了拍他的肩膀,让他放宽心。接着,他指着那个安装工人问市场部经理:"他是在你的要求下才愿意留下来加班的吗?"市场部经理连忙回答:"不是,他是自己主动要求留下来加班的。而且,在他留下来的时候,其他工人还一个劲地嘲笑他是傻瓜,说他没必要那么卖命,老板也不在,就算累死了老板也看不到,还不如回宾馆美美地睡上一觉。"听了市场部经理的叙述后,老板当时并没有做任何表示,只是招呼他的秘书和其他几名随行人员也加入到展位的准备工作中去。

参展结束后,一回到公司,老板就开除了那天晚上没有参加劳动的所有人员,同时,将那名主动加班的普通安装工人提拔为一家分厂的厂长助理。被开除了的那帮人非常不服气,找到了人事部经理理论:"我们不就是多睡了几个小时的觉嘛,凭什么炒我们鱿鱼?而他不过是多干了几个小时的活,凭什么当厂长助理?"他们所说的"他",就是那个被提拔了的工人。人事部经理对他们说:"其实,市场部经理当时只是让你们一起加加班,提前把参展的准备工作做好。而你们呢,一听到要加班,就满腹牢骚、抱怨不已。用自己的前途去换取几个小时的懒觉，这是你们的主动行为，没有人强迫你们那么做，这怨不得谁。而且，我通过调查了解到，你们在平日工作里也经常偷懒。每天下班时间一到，你们就连人影都找不到了。每次要求你们加班，你们就怨声载道，喋喋不休地和公司谈价钱。而他呢，虽然只是多干了几个小时的活，但据我们考察，他为人积极负责，平日里默默地奉献了许多，比你们多干了不知多少活，提拔他，是对他过去积极奉献的奖赏和回报！”

在职场中，很多人把“分内事”和“分外事”分得很清楚，只要觉得一项工作不是自己的“分内事”就躲得远远的，就算自己闲着，也不愿意多搭把手，这些人也往往得不到公司和领导的重视。在小公司里，有些工作也许真的不是你的分内工作，可是这些难题的存在却阻碍着企业的前进，在这种情况下，你无疑需要主动帮助解决这些难题，而不能坐视不理。我们在单位接受一项自己“分外”的工作时，我们不要有丝毫的抱怨，应该主动去做、乐意去做，多做一些，多学一些，这样就能对公司的整体运营有一个很好的了解。这样，终有一天，我们也能成为老板心中最有价值的员工。

张杰刚开始进杜先生的公司的时候，杜先生只是让他担任很低级的工作，但是，现在，张杰已经是杜先生的得力助手，而且，他已经是杜先生手下的一家汽车营销公司的总裁。他之所以能够在很短的时间内升到这么高的职位，是因为他提供了远远高出他所得的报酬更多的工作，因此得到了杜先生的青睐。当他刚去杜先生的公司上班的时候，他很快地注意到，当所有人都下班回家时，杜先生仍旧在公司工作到很晚才回家。因此，他每天在下班后也继续待在公司里继续看资料。没有人请求他留下来，但是张杰认为自己应该留下来，他认为自己这样可以随时为杜先生提供服务。

从那以后，杜先生在需要人帮忙的时候，总是发现张杰就在身边。于是他养成了随时招呼张杰的习惯。正是因为张杰总是自动地留在办公室，所以使得杜先生随时随地可以找到他，让他帮忙。最后,顺其自然,张杰获得了很多的机会,赢得了老板的青睐。

成功者往往是在做好本职的工作之外,还要做一些分外的事情,甚至用不同寻常的事情来培养自己的能力,引起人们的注意。日常工作中,我们常常会遇到这样的情形:领导或者同事有时会让你做一些额外的工作。这个时候你应该怎么办?不少人会以"这不是我分内的工作"为借口推托,最后即使是去做了,也是迫于领导的压力,或碍于同事的面子,但自己却心不甘、情不愿、气不顺。"这不是我分内的工作",这话说起来很容易,但它却反映出一个人的做事态度。在小公司里,一个用心做事的员工是不会说这句话的,在他们眼中,工作不分分内分外。他们懂得一个道理:分内的工作是自己应该完成也是必须完成的,而分外的工作是自己在时间允许且完成了本职工作的前提下,能尽量去多完成的事。这些人才是拥有大智慧的人,他们自己也能够获得好的职位和新的升职机会。

下篇

大公司踏实做人，踏实才能成功

做人要踏实，一步一个脚印，方可站得更牢。在大公司里，一个人想要创造出一片自己的天地，首先要学会踏实做人。踏实，才是做人的大智慧，成功的大前提。只有踏实本分的人，才能将本职工作做好，才能攀上事业的一个又一个新高峰。

第七章　遵守纪律,大公司里要时刻绷紧纪律这根弦

一支没有纪律的队伍,只是一群乌合之众,就像一堆散落零乱的货物;纪律严明的组织,才能彰显其强大的势能和威力,才能成为一支令对手闻风丧胆的强大队伍。在日趋激烈的市场竞争中,大公司的每个成员都必须严格遵守纪律,谁也不能凌驾于纪律之上。

1. 大公司里无规矩不成方圆

俗话说得好:“没有规矩,不成方圆。”它告诉我们一个重要的道理——做人要守规矩。规章制度是大公司管理中各种管理条例、章程、制度、标准、办法、守则等的总称。它是用文字的形式规定管理活动的内容、程序和方法,是管理人员的行为规范和准则。管理规范作为员工的行为准则,具有规范性和强制性。它告诉员工应当做什么,应当如何去做。对全体职工都有严格的约束力,任何人不得违反。在大公司里,如果有令不行、有章不循,按个人意愿随意行事就会造成无序和混乱。

周亚夫是汉朝功勋卓著的将军,以英勇善战、严守军纪著称。有一次,汉文帝要亲自犒劳军队,先到达驻扎在灞上和棘门

的军营,文帝一行直接骑马进入营寨,将军和他的部下都骑马前来迎接。接着文帝到达细柳的军营,那里驻扎着周亚夫的军队。只见细柳营的将士们都身披铠甲,手执锋利的武器,拿着张满的弓弩。文帝的先驱队伍到了,想直接进去,营门口的卫兵不让。先驱说:"天子马上就要到了!"把守营门的军门都尉说:"将军有令:军队里只听将军的号令,不听其他指令。"过了一会儿,文帝也到了,仍然不能进入军营。于是文帝便派使者持符节诏告将军:"我想进入军营慰劳军队。"周亚夫这才传达命令说:"打开军营大门!"守卫军营大门的军官对文帝一行驾车骑马的人说:"将军有规定:在军营内不许策马奔驰。"于是文帝等人就拉着缰绳缓缓前行。一进军营,周亚夫手执兵器对文帝拱手作揖说:"穿着盔甲的武士不能够下拜,请允许我以军礼参见陛下。"文帝被他感动了,表情变得庄重,手扶车前的横木,称谢说:"皇帝敬劳将军!"完成仪式后才离去。出了营门,群臣都表示惊讶。文帝说:"唉! 这才是真正的将军! 前面所经过的灞上和棘门的军队,就像儿戏一般,很容易用偷袭的办法将他们俘虏;至于周亚夫,谁能够冒犯他呢?"说罢,文帝仍然不停地称赞周亚夫,并传令重赏。

周亚夫的故事很好地说明了规矩的重要性。军队的战斗力来自于铁的纪律,企业的战斗力和生命力来源于严格的规章制度。只有按规矩,才能明理树信。因此,大公司做人同样遵守着一个重要的纪律准则——遵守规章与制度等企业规范。如果领导不懂得以身作则,视规矩如无物;员工不懂得坚守规章制度,视它如同废纸,那么他们就会渐渐地被职场所淘汰。

杜邦公司曾经有一位名叫吉尔的销售员,他非常有个性,而且有能力,在很短的时间里,他就迅速地从一线队伍中脱颖而出,而且在曾经工作过的一些企业,他都能够取得不错的业绩。但是工作中,他有一个毛病,那就是他特别讨厌填写各式"申请""报表",特别厌恶企业提倡的"数据分析""流程表"等,在他的心目中，一直认为销售业绩决定一切，客户第一，自己第二，公司排到第三。因此，他不喜欢参加各种会议，如果一定要参加时，他才会坐在最后一排想自己的事，而且他更加不喜欢与同事打成一片，不愿意总结自己业务方面的经验教训，更不屑于学习别人好的经验，对领导的安排，或不做或忘记。上班总是迟到，经常按照自己的性格工作、为人处世。但是杜邦是一家有着近百年历史的“军工出身”的企业，作风严谨得近乎死板，注重流程，强调汇报，希望每一个部分都是可控的，希望每一个销售员的每一天也是可控。由于吉尔的工作风格与杜邦的企业管理制度大相径庭，当同期进入企业的同事不断被提拔的时候，他总是被无情地遗忘。然而这一切皆因为他自己轻视公司规则所造成的。

大公司重视规矩，它要首先考虑的便是公司的长远发展，以更好地面向未来。作为一个人才，你只有能够适应大公司的管理机制，才能够让自己的发展如鱼得水。因此说，大公司里没有规矩不成方圆。人若想要在自然中生存，就必须与自然和谐相处，遵守自然的规则。职场也一样，如果你想要在职场中有所发展，就必须遵守公司的规则。如果人蔑视自然规则，自然就会向人类报复。比如，现代文明的急速发展，破坏了人类与自然的平衡，结果给人类的生存空间带来了极大的威胁，频繁的沙尘暴，危害巨大的暴雨和洪水；遮蔽海洋的赤潮；全球变暖两极升温的河水泛滥等等。如果员工蔑视了公司规则，公司也会相应地给出惩戒。比如，工资的处罚；降职的处罚；停薪留职的处罚等等。如果你觉得“此处不留爷，自有留爷处”，抱着这份不服输的心态，抱着拒绝约束，追随自由的个性去工作，走到哪里，就会被抛弃到哪里。

有一个关于美国商用机器公司董事长沃森的故事，说一个国家的王储来拜访沃森，酒足饭饱后，这位王储便想参观一下沃森的工厂，在沃森的带领下，他们一起走到厂门口，正准备进门时，被两名警卫拦住：“对不起，先生，您不能进去。”“为什么不能进呀？”沃森问，警卫说：“我们的厂区胸牌是浅蓝色的，行政大楼工作人员的胸牌是粉红色的，你们佩戴的粉红色胸牌是不能进入厂区的。”董事长助理彼特看着两名警卫没有要让步的意思，对警卫叫道：“这是董事长沃森，难道你不认识吗？现在我们陪重要客人参观，我们可耽误不起时间！”警卫说：“我们当然认识沃森董事长，但公司要求我们只认胸牌不认人，所以必须按照规定办事。”看到这样尽责的警卫，沃森非常高兴，非但没有责怪，而且给予表扬，并安排助理赶快更换了胸牌。

在大公司，规矩就是纪律，是一切工作正常进行的基石。每个人都要管理好自己，严把纪律关。而作为一个组织，大家更要自觉遵守规矩。一个人的行为不但关系到自身的发展，从大局上来说，它还关系着你所在组织的生死存亡。一个企业要想基业常青，其中的每一位员工都必须遵守规矩，任何人都不可以拿规矩开玩笑。一个失去规矩的企业，其诚信就无从谈起，所以大公司做人必须遵守规矩。

2. 制度是大公司管理的法宝

在大公司里，往往会有一些规章制度挂在墙上，或印成小册子。作为一名员工，应该时时事事遵守这些规章制度。公司制度是企业的秩序和规范，是确保企业有效健康运行的法则，如果法则遭到破坏，就会扰乱公司的正常秩序，企业的健康发展就会受到影响。员工严格遵守公司制度，有利于公司的正常运行。

一家大公司的老板骄傲地说，它的新产品根本不用试生产，只要推出，就有大批订单。为什么？原来他们开发任何新产品，都运用了一种管理模式。正是凭借着一整套科学严密并行之有效的管理程序，这家公司百余年来领导着世界文件处理的新潮流。可见，一个企业要不断发展，永续经营，有一个比资金、技术乃至人才更重要的东西，就是管理制度。

国际电报公司(ITT)是一家在国际上具有一定影响的大公司，公司是一个由设在49个国家、100个企业及海外分支机构组成的大企业。可是在1959年，当詹尼接手这家公司时，他发现这家大公司因毫无纪律性已经陷入了一片混乱之中，各级管理人员各自为政，根本不听上面高级管理人员的指挥，公司员工办事也是拖拖拉拉，主管国外事业部的人更是终日游手好闲，无所事事，公司濒临破产的边缘。为了挽救公司，詹尼决定从严明纪律入手，他马上通知所有领导人开会，他宣布了三条新的工作纪律：第一，任何分支机构必须完全服从地执行总公司的命令。第二，每月向总公司汇报自己的预算、营业收入和支出情况。第三，定期汇报自己的经营环境、竞争态势和市场情况。为了保证纪律的执行，总公司授权检查组：发现不称职或不执行命令者，有权撤换，同时，凡在此期间被解职的人，一律不发退休金。在加强纪律整顿后，公司的情况开始好转起来。在詹尼严明纪律的约束下，公司迅速走上了正轨，恢复了昔日在国际商业舞台上的地位。

一个濒临破产的公司，就因为严明了纪律，从而使该公司起死回生。由此可见，任何一个企业都不能忽略制度的严肃性，否则，没有了制度的约束，企业将变成一盘散沙，整个团队也就毫无生命力可言。

在大公司里，各项规章制度都不能成为摆设。大公司常以有效的手段保证其得以贯彻落实，一旦发现有人违规犯戒，就会受到惩处，绝不姑息迁就。只有如此，企业才能有发展，个人才能有前途。对此，著名企业家玛丽·凯在阐述她对制度的看法时说：“我每次遇到员工不遵守纪律时，都采取一种与他人十分不同的处理方法。我的第一个行动，是同这个员工商量，采取哪些具体措施以改进工作。我提出建议并规定一个合情合理的期限。这样，也许会获得成功。不过，如果这种努力仍不能奏效，那我必须考虑采取可能对员工和公司都不是最好的办法。当我发现一个员工不遵守纪律、工作老出差错时，就决定不要他！因为遵守纪律没商量。”

“最低的收费，最佳的服务”是希尔顿饭店引以为傲的经营理念。在提倡最佳服务时，希尔顿先生坚持全体饭店员工必须做到“和气为贵，顾客至上”，他谆谆告诫员工，要尽最大的努力为顾客提供优质服务，饭店的一切应从“方便顾客，让顾客满意”出发。有一次，一位经理在解答顾客问题时，态度生硬，与顾客顶撞争吵起来。尽管这位经理平日工作很努力，管理经验十分丰富，但这次与顾客的争执，却让他丢了饭碗。他不服气地找到希尔顿先生希望其改变主意，希尔顿先生严厉地说：“你违背了饭店原则，即使你再优秀，也不适合待在这里。”

违反公司的规章制度和经营政策，就是不遵守公司纪律。对此必须照章办事，不能因为是优秀人才就姑息迁就，任其为所欲为。只有这样才能树立权威，严明纪律，让大家信服并遵照执行。

严明的制度是大公司企业文化的一个支柱。在大公司里，制度是对人们行为的一种约束，是确保做事正确、行动有效、执行到位的有力武器。执行制度时，绝不能因人而异，也容不得半点仁慈和怜悯，否则，制度只是个摆设。可以说，制度的作用和重要性，比人们通常所想象的还要大。当大公司员工都具有强烈的纪律意识，在不允许妥协的地方绝不妥协，在不需要借口时绝不找任何借口，比如质量问题，比如对工作的态度等，你会猛然发现，工作因此有了一个崭新的局面。

3. 战场上纪律决定生死，职场中纪律关乎前途

什么是纪律？纪律就是规则，是指要求人们遵守业已确定了的秩序、

执行命令和履行自己职责的一种行为规范，是用来约束人们行为的规章、制度和守则的总称。在大公司里，纪律是成功的保障，是个人体现无私奉献、忠诚精神的最好体现。

在历史上，拿破仑无疑是一位战神，法国军队在他的带领下所向披靡。然而，在进攻开罗的过程中，他的军队却遭到了挫折。原来，埃及的骑兵高大威猛，若是单打独斗，法国兵占不到丝毫的便宜——在那个短兵相接的冷兵器时代，块头大小在格斗中起到很大的作用。看着漫山遍野倒下的士兵，拿破仑十分焦虑。他在细致观察后发现，两个法国士兵对一个埃及士兵，可以打个平手，三个以上的士兵同时围攻胜算就大得多。

于是，拿破仑下达了一项作战纪律：对阵埃及士兵，不得单打独斗，必须群起攻之。同时，他要求将士兵划分为小分队，几个人一队。很快，法国军队取得了胜利。那些严格执行“群斗”纪律的士兵，基本上都活了下来，而不认真执行这条纪律的人，大多丧生于埃及军队的马蹄之下。

纪律是约束和规范人们行为方式的准绳，也是保障事业成功发展的基础。在战场上，作战纪律决定生死。正因为关乎生死，纪律才得到了高度重视。在战场之外，例如在日常工作和学习中，纪律通常不至于关乎生死。既然死不了，很多人就不重视纪律。但是，在战场之外，纪律依然是十分重要的，因为它关乎我们的前途。没有纪律，军队就无法取得胜利；没有纪律，企业同样无法获得成功。因此，对大公司中的每一个人来说，遵守纪律是最基本的要求，也是工作的底限。

创造了联想神话的柳传志有许多传奇故事，其中有一则是他严于律己、迟到罚站的。联想集团建立了每周一次的办公例会制度，有一段时间，一些参会的领导由于多种原因经常迟到，大多数人因为等一两个人而浪费了宝贵的时间。柳传志决定，补充一条会议纪律，迟到者要在门口罚站 5 分钟，以示警告。纪律颁布后，迟到现象大有好转，被罚站的人很少。有一次，柳传志自己因特殊情况迟到了，柳传志走进会场后，大家都等着柳传志将如何解释和面对。柳传志先是一个劲地道歉解释原因，同时自觉地在门口罚站5分钟。

罚站，在中国目前这种环境下，谁也不会把这种话信以为真。但柳传志却严格执行了，这变成了联想的一种风格，也是联想成功的基因源。联想的每年预算都能基本完成，因为各个部门的负责人都很清楚：在联想不太提倡定一个比较高的目标，定预算的时候要把最坏的情况考虑清楚。柳传志说："这一点实际上是在部队里面学的。军队的执行能力，融化在了我的血液当中。当时我在科学院的时候，科学院的科研人员特别喜欢完不成任务以后，强调当时遇到的困难。军队不讲这个，军队只讲功劳，不讲苦劳。为了达到预定目标，要把最坏的情况想清楚，这样才可能达到总目标。"

迟到罚站，柳传志本人也不搞特殊化。身教重于言传，能够身教时，明智的领导者往往一句话都不必说，反而能达到良好效果。任何企业要想成功，都必须要让所有员工都严守纪律，令行禁止。在大公司里，一个人如果尊重自己的职业，就会自觉遵守纪律，也就会成为兢兢业业的人。一个有着强烈纪律意识的大公司员工，他对于工作的理解也是深刻的，完成工作会更积极主动，更能保证效率。而那些不遵守纪律的人，总有一天会被淘汰。

有位老板手上有很多期货，准备找准机会出手，好套取一大笔现金。有一天，他终于看准了机会。原来，他手上期货的价格马上就要冲上峰值了，所以他欣喜若狂，立马打电话给手下的员工，要员工立即抛出。

没想到，这位员工却有自己的想法，他认为，现在价格不断上涨，完全可以等冲高点再抛售，多赚到钱老板一定更开心的，然而，5分钟之后，期货价格如跳楼般下跌，老板手里大量的期货却再也卖不出去了！

老板以为赚了大钱，在办公室等着员工报喜，一会儿电话铃响，正是那个不服从的员工打来的，老板听了之后脸色铁青，失望地说："你太让我失望了，明天你不用来上班了。"说完就生气地挂了电话。

本来是一件很简单的事情，因为不守纪律导致了相反的结局，令老板蒙受了巨大的损失，自己被炒了鱿鱼。可见，在大公司里，纪律作为一种约束的手段是必需的。任何地方都没有绝对的自由，做人就要守纪律！一个工厂如果没有纪律，工人们各行其是，这个工厂就会乱糟糟，生产就会陷于瘫痪。一个城市如果没有交通纪律，居民们在街上随心所欲，你骑自行车乱闯，我驾汽车横冲直撞，他步行随意穿越马路，那么这个城市的交通状况必然是一片混乱。所以，在大公司里，如果员工缺失纪律，那这样的企业也就不能立于不败之地，企业的发展也不会长久。我们要想成为大公司里的人才，首先要加强自身的纪律意识。

4.服从上级，一切行动听指挥

任何高效的组织，都必定纪律严明。在大公司里，要做到纪律严明，就必须学会服从，坚决服从。在一个企业中，若下属不能服从上司的命令，在达成共同目标和实现目标的过程中就会出现障碍。反之，必会胜人一筹。因此，服从上级，一切行动听指挥是任何一个职场人士的基本素质，也是对大公司所有员工的基本要求。

服从上级，一切行动听指挥表现为在特定的时间内对特定事项或特定人所作出的特定要求，其本质是坚决服从。在这个世界上每个人都必须学会服从，不管你身在何机构，地位有多高，个人的权利都有其必然的限制。在下属和上司的关系中，服从是第一位的，天经地义的，下属服从上司,是上级开展工作,保持正常工作关系的前提,是融洽相处的一种默契,也是上司观察和评价下属的尺度。因此作为一名合格的员工,必须服从上司的命令。

有一位年轻人,上司让他去一个新的地方开辟市场,那是一个十分偏僻的地方,公司生产的产品在很多人看来要取得销路是十分困难的。因此,在把这个任务分派给这位年轻人之前,上司曾经三次把这个任务交给过公司里别的人,但是都被他们推脱掉了,因为这些人一致认为那个地方没有市场,接受这个任务最终结果将是一场徒劳。年轻人在得到上司的指示后什么也没有问,只带着一些公司产品的样品出发了。

两个月后,年轻人回到公司,他带回的消息是那里有着巨大的市场。其实,在他出发之前,他也认定公司的产品在那里没有销路。但是,由于他的服从意识,他依然选择前往,并用尽全力去开拓市场,最终他取得了成功。

在大公司里,如果你想成就自己,做一个执行高手就必须养成服从的习惯!服从是执行的前提,有服从才有执行力。只有服从上司的安排才是保证执行的最好方式。接到任务,坚决服从!即便你在接受任务的时候还不具备成功的条件,你也要告诉你的上司你能行,唯有这样,你才能抛弃所有的退路,千方百计地去克服困难,为最后的成功创造条件。

在职场中,有些员工经常会质疑老板和上司,不愿意服从,有些是“口服心不服”,执行起来敷衍塞责,应付了事,其实,出现这些想法,并不是老板的问题,而是员工的态度出现了问题。比如有些员工服从意识淡薄,对上级的命令指示,喜欢讲价钱,讲条件,甚至搞“上有政策,下有对策”,表面一套,暗地一套;对各项规章制度,喜欢搞所谓的“变通”“细化”,制定一些与制度相违背的“土政策”“土规定”等等。这些不仅会使企业正常的发展指令得不到及时的贯彻执行,而且会使员工养成一种恶劣的自由主义风气,久而久之,会影响企业的整体建设,损害企业的整体竞争力。在大公司里,这是极其错误的做法。

一家大超市采购部的经理戴云放下电话，就嚷了起来："糟了！那家便宜的东西，根本不合规格，还是维克多的货好。"他狠狠地捶了一下桌子说："可是，我怎么那么糊涂，还写信把维克多臭骂了一顿，这下麻烦了！"

秘书海伦娜小姐转身站起来说："是啊！我那时候不是说吗，要您先冷静冷静，再写信，您不听啊！"戴云说："都怪我在气头上，以为维克多一定骗了我，要不然别人怎么那么便宜。"戴云来回踱着步子，突然指了指电话说："把维克多的电话告诉我，我打过去向他道个歉！"

海伦娜一笑，走到戴云桌前说："不用了，经理。告诉您。那封信我根本没发。"戴云惊奇地停下脚步，问道："没发？"海伦娜笑吟吟地说："对！"戴云坐了下来，如释重负，停了半晌。突然抬头问："可是，我不是叫你立刻发出的吗？"

海伦娜转过身，歪着头笑笑，说："是啊，但我猜到您会后悔，所以就压了下来。"戴云惊讶地问："压了 3 个礼拜？"海伦娜得意地说："对！您没想到吧？"戴云冷冷地回答："我是没想到。"戴云低下头去，翻记事本："可是，我叫你发，你怎么能压？那么最近发南美的那几封信，你也压了？"海伦娜说："那倒没压。我知道什么该发，什么不该发！"没想到戴云居然霍地站起来，沉声问道："是你做主，还是我做主？"

海伦娜呆住了。眼眶一下湿了，颤抖着问道："我，我做错了吗？"戴云斩钉截铁地说："你做错了！"海伦娜被记了一个小过，但没有公开，除了戴云，公司里没有任何人知道。真是好心没好报！一肚子委屈的海伦娜再也不愿意伺候这位是非不分的上司了。她跑到克里经理的办公室诉苦，希望调到克里的部门。克里笑笑："不急，不急！我会处理。"隔两天，果然做了处理，海伦娜一大早就接到一份解雇通知。

不服从上司的工作安排，后果只能是付出代价。海伦娜小姐，擅自做主最后导致解雇。作为企业的员工，你必须知道，无论你帮上司管了多少事情，也无论上司多糊涂，甚至依赖你到连电话都不会拨的程度，但他毕竟还是你的上司,任何事也毕竟还是由他做主。所以,你也必须服从。在大公司里,想要立住脚,必须要视服从为天职。在大公司里,服从上司是做人的美德,是员工取得成就的必备条件。绝对服从,你就获得了在职场里成功的万能钥匙,从此以后,无论遇到什么样类型的老板,不管做的是什么样的工作,你都能成为最出色的员工,最当红的人!

5. 让遵守纪律成为一种习惯

在大公司里工作,就要认同大公司的规则,对已经形成的纪律毫不含糊,成为一名守纪律的员工。有纪律的员工会把纪律变成一种习惯,做任何事情都会按照规则去进行,养成遵守纪律的好习惯。

有这样一个寓言故事:6只猴子要过河去参加“森林运动会”。渡船的水獭伯伯对猴子们说:“我这只船小,规定每次只能坐3位乘客,你们分两次过河吧!”3只猴子上了船。第四只猴子满不在乎地说:“4位和3位不是差不多吗?你这个规定也太死板了!”“不行,不行,超载船会沉的。”水獭连连摆手说。可是那只猴子不听,急忙跳上了船。第五只猴子哈哈大笑说:“哪有这么巧的事情,我从来没见船沉掉过。”说着“扑通”的一声跳上船去。在岸上第六只猴子咕哝着:“大家都违反规则,难道偏要我当傻瓜吗?我才不干呢!”说完也跳上了船。小船很快沉了下去,猴子全部掉进了河里,水獭伯伯费了好大的劲,才把它们一个个地救上了岸。

你看,不守纪律就得掉进水里。有人说守纪律就会失去自由,可世界上没有绝对的自由，自由与纪律是相辅相成的，只有服从纪律，才能赢得最大的自由。遵守纪律是员工素质的表现。纪律可以规范我们的行为，维护正常的工作生活秩序，确保有效地工作。常言道：党有党纪，国有国法，公司有公司的制度。对于企业组织而言，纪律是最重要的事情，是其能否生存的基本前提，可以说没有纪律就没有品格，没有忠诚、没有敬业、没有创造力、没有效率和合作，没有一切。对于我们来讲，是否遵守纪律反映了一个员工素质的高低，高素质的员工必然严格遵守纪律，这是大公司里成功做人的关键。

孙子是春秋时期非常有名的军事指挥家，他来到吴国之后，吴王把他当作上宾款待。有一天，吴王对孙子说："孙子呀，都说你的军事理论很强，我想知道你能不能带兵打仗？"孙子回答道："你给我兵，我就能带。你给我一支军队，我一定能把它训练成非常优秀的军队。""无论什么人，你都能把他们训练成一支军队吗？"吴王又问，孙子说："没问题。"于是，吴王指着自己的宫女说："你能把我这群宫女训练成军队吗？"孙子说："你只要给我权力，我就能把这些宫女全部训练成军人。""好，我给你权力，限时三个时辰。"吴王说。

于是，孙子和吴王的宫女们都站在了训练场上。这些宫女从来没受过军事训练，只是觉得这件事很有趣，大家你推我搡，闹作一团。吴王看着这情景，也觉得新鲜好玩，就把他最宠爱的两个妃子也叫了过来，并让她们担任两队宫女的队长。

孙子开始练兵，他大声说道："大家停止喧哗，马上列队站好，左边一队右边一队。"但是没人听他的话，宫女和妃子还是在原地嬉笑打闹。孙子也不着急，他大声说："这是我第一次说，大家没听明白，这是我的问题。现在我第二次要求你们列队。"这些"女兵"依然没什么反应，玩笑依旧。这时孙子又说话了："我第一次讲话大家没听明白，那是我的错；第二次没听明白，可能还是我的错。下面我开始说第三遍——大家列队，左队站左边，右队站右边。"

第三次说话结束了，还是没人按照口令行事。孙子沉下脸来严肃地说:“第一次大家没听明白,是我的错误;第二次大家也没听明白,还是我的错;但是,第三次没听明白就是你们的问题。来人,把那两个队长带到一边去,立刻斩首。”马上有士兵上来把那两个妃子抓了起来。这时,吴王赶紧对孙子说:“不能这样!我只是说着玩的,千万别动真的。”孙子说:“你是不是给我权力了?现在军权在我手中,立刻斩首。”士兵咔咔两刀把两个妃子砍了。见到这种阵势,众宫女马上肃然而立,所以,没用三个时辰,两个队列就成形了。于是,孙子对吴王说:“大王你看,你现在可以让她们做任何事情。”

遵守纪律,连宫女都能做士兵。因此,在大公司里养成遵守纪律的习惯,必须在提高认识的基础上,严格要求,强化训练。纪律是企业基业长青的根本,是一名合格员工的最高行为准则,是完美执行力的第一要义。凡是纪律,都具有必须服从的约束力。任何无视或违反纪律的行为,都要根据性质和情节受到程度不同的批评教育甚至是处分,就是说,纪律是严肃的,它带有一定的强制性。同时,纪律又需要自觉遵守。只有自觉纪律才是铁的纪律。英国克莱尔公司在新员工培训中,总是先介绍本公司的纪律。首席培训师加培利说:“纪律的高压线,它高高地悬在那里,只要你稍微注意一下,或者不是故意去碰它的话,你就是一个遵守纪律的人。”看,遵守纪律就是这么简单。

一个企业如果没有一个严谨的纪律约束,人心就会涣散,组织就会瘫痪,就会失去战斗力。一个企业的纪律风貌的好坏关乎员工的一切。在大公司里,每一个员工都应该加强纪律教育,统一认识,共同营造良好的纪律环境。

第八章　谨言慎行，大公司里多做事情少议论是非

大公司的员工要想登上成功的顶峰，就必须要放下身段、放低自己。这既是我们对自己的理智审视，也是我们做人的智慧。谨言慎行，才能助你在大公司里游刃有余。锋芒毕露只会使我们陷入职场争斗中，阻碍事业的发展。只有踏实做人，不过度张扬，才能够在职场中远离是非，才能够得到更多人的帮助。

1. 满招损，谦受益

谦虚是一种美德，是一种难能可贵的品德。自古以来，我国人民就有谦虚的美德，有许多这方面的格言警句启迪后人。如“谦受益，满招损”“谦虚使人进步，骄傲使人落后”“虚心竹有低头叶，傲骨梅无仰面花”。因此，我们每个人都要养成一个“虚怀若谷”的胸怀，都要有一种“谦虚谨慎、戒骄戒躁”的精神。

在大公司里，没有一个人能够有骄傲的资本，因为任何一个人，即使他在某一方面的造诣很深，也不能够说他已经彻底精通，彻底研究全了。“生命有限，知识无穷”，任何一门学问都是无穷无尽的海洋，都是无边无际的天空。所以，谁也不能够认为自己已经达到了最高境界而停步不前、而趾高气扬。如果是那样的话，则必将很快被同行赶上、很快被后人超过。

20世纪60年代，当《人民文学》《人民日报》等报纸杂志登出郭沫若的白话诗之后，刚从大学毕业分配到科学院电子研究所从事语言声学工作的陈明远给郭老写信，措辞尖锐地批评道："读完那些连篇累牍的分行散文，人们能记住的只有三个字，就是您这位大诗人的名字。编辑同志大概对您的大名感到敬畏，所以不敢不全文登载；但是广大读者却对您的诗名寄托希望，所以不能不表示惋惜，甚至因失望而导致嘲笑挖苦……"

郭沫若给陈明远复信，对他敢于说真话甚为赞赏。信中说："我实在喜欢你，爱你……我告诉你，你的信一点不使我'烦恼'，而且是非常高兴。"郭沫若约见了陈明远，笑着问他："假若你当诗歌编辑，我的诗稿落到你手里，你怎么处理？"

陈明远认真地想了一会儿，回答说："对于您的来稿，我准备分三类处理。第一类，像《罪恶的金字塔》和《骆驼》这样的好诗，还有少数合格的，予以发表。第二类，有可取之处但尚需推敲斟酌的，提出具体意见退还您修改，改好了再看。第三类，诗味索然的，不要分行，当作散文、杂文对待。或者，干脆扔到纸篓里去。只有这样，才是真正爱护您的诗句，也对得起广大诗歌爱好者啊！"郭沫若听完哈哈大笑，连声说："好！我要碰到你这样的编辑同志就好办了，真是求之不得哩！"

郭沫若这样的大学问家尚且虚怀若谷。在当今信息大爆炸时代，知识更新周期越来越短，学科分支越来越细，谁也不能是个"万事通"，谁也不能保证自己所学知识一辈子够用，这就更需要谦虚精神。

做人要有谦虚的胸怀，才能不断地成长。谦虚是一种催化剂，能催人奋发，催人向上，催人进取，催人自律。谦虚的人，有自知之明，虚心求教，平等待人，不断进步。历史上成功的人，大多谦虚自知。因此，在大公司里，要学会谦虚做人。只有这样，我们才会永远受到别人的欢迎。谦虚是美德，即使你在工作中犯了错误，只要自己肯积极改正，并虚心学习，相信下次决不会犯同样的错误。所以只有虚心学习，脚踏实地地工作，才能成为公司需要的人才。

曾国藩这个成就了一番伟业的湖南人，禀赋平平，考了七次才勉强中了秀才。朋友左宗棠说他“欠才略”“兵机每苦钝智”，连学生李鸿章当其面也说他“儒缓”，做事反应慢。在30岁之前，曾国藩性格、品行不足之处甚多。那时他天天忙于应酬，喝酒、听戏、聊天，放浪形骸，心绪浮躁，难以静心读书。他为人傲慢，性情暴躁，经常话不投机，便脱口辱骂。有一次，和同乡京官郑小山，吃饭时意见不合就打了起来，结果不欢而散。

后来，在北京当官，渐渐接触到很多博学的谦谦君子，曾国藩很受触动，觉得自己不能再这样混下去了，于是开始认真读书，诚心写日记，学做圣人之道。他每天早起，主敬，静坐，读书，谨言，夜不出门。每天，都用工整的小楷，把自己所作所为详细地记录下来，特别是对自己不符合圣人之道的言行，进行反省，处处严格要求。立志自新后，他登门拜访曾打架的郑小山，赔礼道歉，两人和好如初。虚心谨慎、不断反思的曾国藩，从此脱胎换骨，令人刮目相看，昔日的小混混，果然成就了大业。

曾国藩的成长经历也是一面镜子，见证了谦虚谨慎的巨大能量。可见，谦虚谨慎是人生修养德行之基础，是通往高尚之阶梯。一个人如果不谦虚谨慎，自满自足，不但不能进德修业，停滞不前，终究不能成正果，要被时代淘汰。只有勤勉敬业、埋头苦干的人，才能不断成长、不断进步。

在大公司里，谦恭虚心地工作的人，必然受到人们的尊敬和拥护。一个人如果失去谦虚，那么自信就会变成自大。自大就是自满，自满就会失败。这是最需要警觉的。

一家大型超市最近来了一位大学毕业生，他一进公司便找到自己的当班上司声称自己学的是商品管理，要教上司如何对现在的超市进行管理。当班上司看着眼前这位狂妄的大学生心里总有一种说不出的滋味，但是还是虚心地听着他的言论。这个大学生自称曾经在某外资超市干过，并且熟悉各部门的运作环节，还说那个超市的每一个部门都很想让他在那里帮忙，但是他考虑到自己到那儿只是实习生的身份，工资待遇很低，于是在干了两个月后便离开了那里。虽然不知道当初是他自己走人的，还是被外资公司开除的。但是他在这家超市的结局是：工作了不到一个月公司就请他走人了。

从上面这位大学生的结局我们可以看到，做人一定要谦虚，不要自视清高，即使是你对某些知识有独特的见解，你也应该很谦虚、委婉地提出自己的看法。因为，大公司用人偏重于选择谦虚可靠的员工。谦虚的人往往能得到别人的信赖，因为谦虚，别人才不会认为你对他有威胁，这样你就会赢得别人的尊重，更好地与同事建立关系。一个背着自负自傲沉重包袱的人，他的友谊财富必然少得可怜。

2.

当众炫耀自己会留下隐患

在大公司里做人，不当众炫耀自己是职场生存的法则。现代社会虽然不提倡韬光养晦，隐藏才华，但喜欢在大庭广众之下炫耀自己，不管怎么说都是缺乏涵养的表现。爱炫耀是虚荣的表现，也是不成熟的标志。真正才能卓越、技术超群的人往往都很低调，从来不会当众炫耀自己。因为他们懂得，在公司里炫耀自己必然会招来同事的排挤，最终受伤害的只能是自己。

三国时期，曹操的谋士杨修是个聪明绝顶的人。有一年，工匠们为曹操建造相府的大门，当门框做好，正准备做门顶时，恰好曹操走出来观看。曹操看完后在门框上写了一个“活”字，便扬长而去。杨修见状，立即叫工匠们拆掉重做，并说：“丞相在门框上写个活字，意思是‘门’中有‘活’即‘阔’字，就是说门做得太窄小了，要大一些。”杨修的确够聪明，竟然能够从一个字揣摩出曹操的心里所想，但他的聪明，太招摇，引起了曹操的嫉恨。

建安二十四年，曹操与刘备争夺汉中，屡遭失败。曹军不知道是该进还是退，曹操便以“鸡肋”二字为夜间口令，将士们都不解其意，只有杨修明白：“鸡肋就是吃起来没什么味道，丢掉又觉得可惜，丞相的意思是要撤兵啊！”他便私下告诉大家收拾行装，随时准备撤兵。没多久，曹操果然准备下令撤军了。但当曹操知道杨修事先把机密告诉了大家时，便找到借口，以“泄露机密，私通诸侯”的罪名，将杨修杀掉了。

杨修因为炫耀他的聪明而招致杀身之祸。在职场上，四处炫耀自己的人虽然不会惹来杀身这样严重的祸患，但是也能让你危机四伏。如果你总喜欢当众炫耀自己的能力，不但会得罪同事招来他们的排挤，甚至还会得罪老板。我们提倡现代人要勇于展示自己的才华，但展示毕竟不同于炫耀，上司欣赏你过硬的技术本领，你就应该在这个舞台上展示自己的风采，而这不能成为你在同事面前炫耀的资本；你又谈成了一笔业务，上司给了你“红包”，你可以心花怒放，你也可以喜形于色，但你“得意”不要“忘形”。否则，倘若哪天来了个更加能干的员工，那你一定马上成为别人的笑料。

王先生是某大公司人事部调配科一位相当有人缘的骨干，按说搞人事调配工作是很难不得罪人的，可他却是个例外。但是，他在刚到人事部的那段日子里，在同事中几乎连一个朋友都没有。因为当时他正春风得意，对自己的际遇和才能满意得不得了。每天都使劲地吹嘘他在工作中的成绩，吹嘘每天有多少人找他帮忙，那个几乎记不清名字的人昨天又硬是给他送了礼之类“得意的事”，但同事们听了之后不仅没有人分享他的“成就”，而且还极不高兴。后来还是由当了多年领导的老父亲一语点破，他才意识到自己的症结所在，从此便很少谈自己而多听同事说话。后来，每当他有时间与同事闲聊的时候，他总是先请对方滔滔不绝地把他们的高兴事炫耀出来，而只是在对方问他的时候，才谦虚地说一下自己的情况。这样，他慢慢地获得了很多的朋友和支持。

在大公司里，如果你总是一副高高在上的姿态，很有优越感，总是觉得同事的技术不如你（从另一个角度来说，你不断地炫耀自己，无形中就是在贬低同事），谁还愿意跟你合作？没有合作，你的工作又怎么开展？所以，在工作上你要多听取同事的意见，不要一意孤行地总是炫耀自己。在大公司里，爱炫耀自己的人很少能听取别人的意见，心中只有自己，而且还自以为比别人高明，事事都要占上风，好出风头。其实，即使你的本事真的很大，技术真的比别的同事好，也绝对不能采取这种态度。你的炫耀会让你显得趾高气扬而又十分蛮横，使同事感到窘迫，他们只能不同你一般见识。时间久了，同事们肯定没有一个人愿意向你提意见和看法，更不敢向你进一步提出忠告。他们会越来越不想接近你，并且有时会产生望而生厌的情绪，久而久之就在无形中疏远了你，有时甚至还要刻意排挤你。

乔娜是一家软件公司刚上任的市场部主任。公司经理引领她来到一间宽敞的办公室，对着一屋子同事宣布乔娜正式走马上任，并指着一位四十多岁的女士说："这是你的助理埃米，有什么不清楚的，请她告诉你。"

公司经理离开了办公室，埃米旋即开口："抱歉，我今天有很多事要做，所以没有太多时间和你好好聊聊！"说完话，埃米一头埋进工作，一整天没跟乔娜说一句话。

乔娜发现，除了埃米外，办公室里的其他三个同事也对她横眉冷对，商洽工作时爱答不理，那副做派，仿佛乔娜不是他们的上司，而是给他们打杂的。

乔娜不由得去摸了摸这股不明敌意的底细，原来，这几位同事都为公司效劳了两年以上，每个人都以为市场部经理的职位能落到自己的头上，没料到这个肥缺让乔娜占了。

乔娜明白，几位同事的刁难并不是冲着自己，而是对公司的人事决策的不满，于是，在办公室里持之以恒地发送着自己的友善，经过几次以德报怨的交锋，大家都为乔娜的温和善良所折服，满心欢喜地接受了这个年轻的上司。

其实，在工作中，一个人才华出众又踏实肯干，得到上司的赏识是很自然的，那为什么会遭到同事的排斥呢？这时候，嫉妒是一个很容易想到的词。准确地说，有可能是嫉妒，但作为当事人，不要仅仅认为只是嫉妒，而是要冷静检视自己，反省自己的言行，不要在同事面前流露出骄傲的表情，那样会伤了他们的自尊。在大公司里，你应该谦虚一些，要随时考虑别人的意见，不要做得太固执，应该让人们都觉得你是一个可以相处的人，这样才能受到大家的欢迎。

3．嘲笑上司的话千万别说

在小公司你为老板打工，在大公司你为上司打工。和你的上司搞好关系，永远是职场必须熟记的做人守则。在大公司里，即便没有森严的等级制度，但也有最基本的上下级关系，维护上司权威和尊严是每位员工都要铭记的。

刘晓鹏毕业于一所名牌大学，被一家薪资优厚的大企业聘用。大企业的老板是农民出身，在刘晓鹏的眼中就是个土老帽，别说说一口流利的英文了，有时候甚至连个简单的英文单词也要向他请教。从工作的第一天开始，刘晓鹏就没有将自己的老板当成老板看待。

由于刘晓鹏在国外留过学，英文很好，所以公司与国外企业洽谈生意，老板都会带上他。刘晓鹏以他流利的口语、俊朗的外表以及与人交往的能力，迅速在老板心目中树立了良好的形象。在他的帮助下，公司的国外业务越来越好，老板越来越器重他。可是即便如此，刘晓鹏仍然没有将老板的器重当回事，还是觉得是老板有求于他。

有一次，公司与外商洽谈合作事宜，老板没有听清楚外商最后说的那句话，就问刘晓鹏刚才人家说了什么，他故意放高声音说："就是说了句很高兴认识你 。这个我以前跟你说过很多次了，怎么还不记得啊？"这个声音足以让外商听清楚，暂且不说他们能否听懂中文，就是那不屑的语调就足以让外商惊讶了——一个员工怎么能这样跟老板说话？

当时，老板没有任何反应，但从那开始，他渐渐对刘晓鹏冷淡起来，公司有些活动也不再带着他。他一开始还纳闷到底什么原因让老板的态度发生了如此大的转变。直到有一天，人力资源部门开始着手招聘他这个职位的新员工时，他才意识到了什么，只好自动辞职。走的时候，老板没有一句挽留的话，直接在他的辞职申请上签了字。刘晓鹏这时才明白，老板毕竟是老板，无论怎样也不能拿他的弱点去嘲笑他，否则只能自食其果。

上下级关系中最引人注意的就是言辞的使用。现在许多人特别是年轻人常会像对待朋友一样地对待自己的上司，说话一点也不讲究。这是十分错误的。在大公司，你可以给上司提建议，甚至可以用自己的知识、经验以及调查结果去否决他的决定，但你不能嘲笑上司，更不能因为他的决策与你所想的不符就嗤之以鼻。

一般说来，上司在德、才、学识等方面要比下属高一筹，具有一定的领导水平。如工作经验丰富，有较强的组织、管理能力，政策性、原则性强，看问题有全局观念等。也有一些上司有一些因人而异的个性方面的优点，如性格直爽、办事果断、工作细心、生活俭朴、思想开放、勇于改革等等，这些都值得作为下属的尊重和学习。当然，也有人可能会讲：我们的上司水平太低，令人无法尊重。如果这样想，实际上就不容易尊重上司，表面服从，心里不服，甚至经常顶撞上司，上司分配给你的工作也不愿接受，搞得关系紧张。

当然我们也承认，不是每位领导都具备高水平的能力，每一方面都超越下级。“金无足赤，人无完人”，不要认为只有“完人”才值得尊重。刚踏上工作岗位的朋友，都希望自己能遇到一位很有水平的上司，能作为自己行动的楷模。如果把上司过于理想化，未免脱离实际。一个善于学习的下属必须本着谦虚学习、提高自己的态度，尊重上司，并注意学习和吸收上司的长处，建立乐于服从的观念。这是处理好与领导关系的最基本方法。

数年前，小孟从某大学毕业分到一家保健品厂。由于他聪明能干、办事利索，很快就从车间的技术员调到保健品厂研究所。没几年，又从一名普通研究员晋升为研究所办公室主任。已过而立之年的小孟，被一帆风顺冲昏了头，在关键时刻办了一件傻事。有一次，研究所经认真研究、认证，出台了一套改革方案，由于在设计工艺流程时出了差错，致使整套方案全部“泡汤”，浪费了大量的人力、财力。

领导追究责任的时候，小孟说：“这套工艺流程是在所长主持下完成的，其他人只是具体办事。”小孟说这番话时，他手下有个职员一字不漏地记了下来。

第二天，所长把小孟叫到他的办公室，冷冷地说：“孟主任，你真会说话啊，有了过错往我身上推……”一席话说得小孟目瞪口呆。

没过多久，小孟被莫名其妙地免去了办公室主任的头衔，调到公司关系协调办去了。

上司虽然身居高位，但这不代表他时时刻刻都比他的员工强。上司也是平常人，也有这样那样的缺点和不足，有时候也会犯错误。在有些能力强的员工眼里，上司根本就是一个一无是处的人。也许你认为你的上司一点能耐都没有，他当上司纯粹是机缘巧合。但是，即使你这么想，也不能让嘲笑上司的话肆无忌惮地脱口而出。嘲笑上司就是在冒犯上司的尊严，人的尊严不可冒犯，你的工作掌握在上司手里，他的尊严就更不可冒犯了。

在大公司里，与上司相处时，一定要维护其尊严。因为，上司再犯错也是上司，作为员工，你千万不要去和上司比水平、比能力、比大小，那样你会败得很惨。对自己的上司，你不可能事事据理力争。对于上司的某些指示、某些命令，由于主观理解上的偏差而得不到很好的实施，而你却已经尽了最大努力。在这种情况下，上司、老板、领导对你批评和指责是很正常的，不要急于辩解，认为自己无比委屈。

公司里新招了一批职员，老板抽时间与大家见了个面。

"黄晔(huá)。"

全场一片寂静，没人应答。

老板又念了一遍。

一个员工站了起来，怯生生地说："我叫黄晔(yè)，不叫黄晔(huá)。"

人群中发出一阵低低的笑声。

老板的脸色有些不自然。

"报告经理，我是打字员，是我把字打错了。"一个精干的小伙子站了起来，说道。

"太马虎了，下次注意。"老板挥了挥手，继续念了下去。

这位打字员真是个会做人的员工，能及时帮人圆场。相信他以后一定仕途亨通，任谁也挡不住。

果然，一周之后，他被升为公关部经理。

身在职场，作为一位公司的领导，总是希望企业内部上下级之间保持一种良好的、和谐的关系。但作为上司，也希望下属对他表示尊重。从个人感情上讲，每个上司都喜欢尊重自己的下属。如果你能够时时尊重上司，维护上司的威信，对你的事业及前程当然大有好处。

4.

把握说“不”的分寸

在大公司里，想做个有求必应的好好先生或好好小姐并不容易，人们的要求永无止境，往往是合理的、悖理的共存，如果当面你不好意思说“不”，轻易承诺了自己无法履行的职责，将会带给自己更大的困扰和沟通上的困难。

小黄在计算机公司担任程序设计师，他年轻且能干，又是同部门中唯一的单身族，所以每逢加班赶工的紧急时刻，大伙儿都把希望放在他身上。但最近他觉得自己快要累垮了！例如，上星期三下班前，经理突然走过来，要他务必帮忙修改个程序；过了两天，同事阿辉请假，又好声好气地要求帮他把工作完成。小黄觉得做人本来就应该相互帮忙，于是通通答应下来，并且搁下手边的工作，全力以赴完成别人交办的事项。也因为小黄总是最佳的救火员，所以每个人渐渐都习惯了找他代劳，“反正他从不拒绝”。大家心里想着。然而最近一阵忙碌下来，小黄突然意识到自己有着习惯性的胃痛，而长期的熬夜赶工，也让自己的工作质量大打折扣，更感到压力倍增。今天下午，同事小王又晃了过来，要他帮忙分担一些工作，小黄实在累得快喘不过气来，却又不知该如何表达，眼看着小王丢下文件，转身就要离去，小黄心中慌乱焦急，到底该怎么开口说不呢？

在大公司里，怎样拒绝别人抛给你的枯燥、乏味，而且费力不讨好的工作任务需要你能把握住说“不”的分寸和技巧。心理学家们发现，不懂得适时拒绝他人的请托，是工作压力的重要来源之一。为了要取悦别人，我们往往会忽视自己真正的想法，进而导致工作步调大乱，并且容易赔上心情，也赔上健康。所以，若想要成为快乐有效率的上班族，就必须学会说“不”的艺术。

小蒋所在的一家影视公司，最近要赶在十一黄金周之前摄制一档特别节目送电视台播出。身为编辑部主任的小蒋，在这个时候一方面要统筹记者的采编播安排，一方面又要协调与策划部的沟通，忙得马不停蹄。而偏偏在这个时候，新来的策划部主管以业务不熟悉为由，想把选题策划这一部分的工作甩给小蒋来做。

小蒋心里很明白，这次策划的难度比较大，做好了的话，是策划部的功劳，搞不好的话，被领导横挑鼻子竖挑眼，没准自己还会被卖到老板那里，再加上一个越俎代庖、不务正业的罪名，实在是费力不讨好。而且最关键的是她大部分的时间和精力都用在了编辑部的日常工作上，根本无暇他顾。但是她又不能简单地一口回绝，毕竟策划部、编辑部这两大部门的合作是最频繁的，搞僵了关系，工作上会掣肘。

看着策划部主管期待的眼神，小蒋坦诚地说道："我理解你的难处，这个时候我们两个部门是最辛苦的，而且你刚来就接手这么重大的策划活动，压力可能会更大。你看这个问题可不可以这样解决：主要的策划案还是由你们策划部来出，我这里可以抽调一名资深记者，在这期间做你的助手，帮你熟悉流程和我们这里的选题风格。你觉得会对你有帮助吗？"

策划部主管："比我原来的主意好了很多。"

小蒋："现在还有个问题是，因为这个安排涉及一名记者的临时工作调配的问题，我们还得和老总商量一下。你什么时候有空？"

策划部主管（很配合地）："看你的时间安排吧。"

事实证明，小蒋的沟通是非常成功的。

面对同事在关键时刻抛过来的任务，小蒋不急不恼，不抵触。话一出口，先站在对方的立场上，表示理解对方的难处和苦衷，同时也带出了自己部门的困难；而给出的方案不但解决了对方的实际问题，而且也使自己全身而退，并且还以一种巧妙的方式让老总看到了小蒋作为一个部门主管，在关键时刻顾大局，识大体的品质。当然，在这种情况下，小蒋也可以毫不夸张、直截了当地向对方“哭哭穷”，讲讲自己的难处，然后建议策划部主管找老总解决问题，到头来可能解决的方式是一样的。但是那样的话，他留给同事和老总的印象可就不是这个脸笑、嘴甜、心眼好的小蒋啦。可见，掌握拒绝的艺术，无疑是让我们多一分含蓄，多一分理解。

在大公司里，拒绝是相当重要却又不太容易的课题，有人喜欢你直截了当地告诉他拒绝的理由，有人则需要以含蓄委婉的方法拒绝，各有不同。以下就介绍你几种说“不”的方法，好让你因状况及对象，选择出最合适的应对之计。

第一，不要立刻就拒绝他人的请求。

立刻拒绝，会让人觉得你是一个冷漠无情的人，甚至觉得你对他有成见，一旦有了这样的误解，无疑对双方的关系是致命的打击。对于一些对方不急着要求答复或是办到的事情，可以采取暂时不给予答复的方法。当对方提出要求时你迟迟没有答应，只是一再地表示要研究研究或考虑考虑，那么聪明的对方马上就能了解你是不太愿意答应的。但无论如何，仍要以谦虚的态度，别急着拒绝对方，仔细听完对方的要求后，如果真的没法帮忙，也别忘了说声“非常抱歉”。

第二，尽量以非个人原因作为拒绝的借口。

用最委婉、和气的方式来表达你的不同意见。傲慢无情的拒绝易招来怨恨，对人脉资源的积累绝没有好处。所以，当真正有不得已的苦衷时，如能委婉地说明，以婉转的态度拒绝，以和气的方式表达不同的意见，别人还是会感动于你的诚恳，对你的情况给予谅解。与人相处，若能凡事多为他人着想，多给别人留一些余地、一些包容、一些方便，少一分拒绝、少一点难堪，必能赢得别人的友爱。反之，一个人如果总是轻易地拒绝一些请求或机会，久而久之自然就会失去一切。因此，做人不要轻易拒绝别人，多一些付出，自己会获益更多，必能拥有更多学习、成长的机会。

在大公司里，不会拒绝让你疲惫，感到压迫和烦躁。因此，不要等到你的能量耗尽时，才采取行动。一旦你善于运用不同的婉拒方法，你的交际生活必定更加轻松愉快，喜欢你的人越多，人脉自然就积累起来了。

5. 尊重他人就是尊重自己

在大公司里，自己对待别人的态度往往决定了别人对待我们的态度。这就像一个人站在镜子前，你笑时，镜子里的人也笑；你皱眉，镜子里的人也皱眉；你对着镜子大喊大叫，镜子里的人也冲你大喊大叫。所以，要获取他人的好感和尊重，首先必须尊重他人。

2008年北京奥运会上，曾出现过这样一个感人的场面：在男子体操吊环决赛中，倒数第二个登场的中国选手陈一冰，以近乎完美的表现征服了裁判和观众。就在现场观众用排山倒海般的喝彩声为“吊环王”欢呼的时候，陈一冰却颇有风度地做出手势，向观众示意保持安静，因为后面还有一位选手将登场比赛。

陈一冰的手势向世人表明，在那个时刻还有比荣誉更有分量的东西，那就是尊重。正是由于时刻把尊重装在心中，陈一冰才会自然而然地尊重对手，尊重比赛。而他的手势所表现出来的职业风范，也给大家留下了深刻的印象，受到了人们的尊重。这有力地告诉我们，尊重别人就是尊重自己。

尊重他人是一种高尚的美德，是个人内在修养的外在表现。无论是在学习、工作还是生活中，无论是对领导、同事还是下属，都应该自觉地践行尊重，因为每一个人都希望得到他人的尊重。

在大公司里，经常有许多人不注意尊重他人：上下级之间、同事之间、下属之间甚至客户之间，有时候完全以自我为中心，不注意别人的感受，不给对方留下足够的心理空间，与别人谈话时，只顾自己侃侃而谈，不给对方插话的机会；在听别人倾吐心事时，东张西望，左顾右盼，心不在焉；对给自己提意见的人耿耿于怀，对批评自己的人做出不礼貌、不文明甚至粗野的言谈举止，等等。这都是不尊重他人的不文明行为。甚至，在我们自己工作和生活中也难免会遇到对方有意或无意做了伤害你的事情，在这种情况下你是以其人之道还治其人之身？还是以宽容的态度原谅对方就显示了你的素质和修养。

一个小城里，有个家财万贯的财主。他十分有钱，却又十分苦恼，因为他总感觉别人不尊重他。有一天，这个财主在街上散步时，突然看到路边坐着一个衣衫褴褛的乞丐，面前摆着一个破碗。财主灵机一动，心想机会来了，便大模大样地走过去，向乞丐的破碗中丢下一枚金光闪闪的钱币。

财主得意扬扬地站在一旁，以为他的慷慨施舍会换来乞丐的毕恭毕敬，谁知乞丐头也不抬，仍旧是自顾自地忙着捉虱子。财主越看越气恼，他大声喝道："你难道是瞎了吗？没看到我给你的是金币吗？"乞丐根本不看他，慢慢地说道："给不给是你的事，不高兴可以拿回去。"财主大怒，可又心有不甘，于是，又往破碗里丢了十个金币。他心想，乞丐刚才一定是嫌钱少，这回该向自己俯首道谢了吧。岂料乞丐依然是一副爱答不理的神情。

财主气愤极了，破口大骂道："你可看清楚了，我给你的是十个金币，我可是城里最有钱的人，难道你不该向我道谢吗？"乞丐这才看了他一眼，慢腾腾地回答道："有钱是你的事，尊不尊重你则是我的事，这是强求不来的。"财主这回可真急了，他说："那么我把我的财产的一半送给你，能不能请你尊重一下我呢？"乞丐翻着一双白眼看着他："给我一半财产，那我不是和你一样有钱了吗？为什么还要我尊重你？"财主连忙说："好，那我将所有的财产都给你，怎么样，这下你可愿意尊重我了吧？"乞丐哈哈大笑起来："你把全部的财产都给我，那你就成了乞丐，而我就成了富翁，凭什么要我来尊重你呢？"财主气得哑口无言，乞丐则拿着金币大摇大摆地离去了。

这个财主自以为腰缠万贯，就应该得到乞丐的尊重，他忘记了，尊重是建立在相互尊重的基础上的。他趾高气扬的态度，只能换来别人的敌意，有什么尊重可言。《圣经·马太福音》有句话："你希望别人怎样对待你，你就应该怎样对待别人。"这句话被大多数西方人视作是工作中待人接物的"黄金准则"。你对别人的尊重其实不仅是尊重了别人也同时尊重了自己，因为尊重也会使别人对你肃然起敬。同学之间，同事之间、邻居之间、师生之间、上下级之间都要学会互相尊重，就是夫妻之间也应该互相尊重。

有一次，英国维多利亚女王和丈夫吵架，丈夫独自一人回到卧室。当女王准备就寝时，发现卧室的门从里面锁上了，只好敲门。里面传来丈夫的声音："是谁？"

维多利亚傲慢地回答道："是我，女王。"丈夫不再作声，也没有开门。女王只好再次敲门。

丈夫又问道："是谁？"

"是我，维多利亚。"女王没好气地说。

里边依然没有动静。女王不得不再次敲门。

丈夫再一次问道："是谁？"

女王这回可学乖了，轻声地说道："是我，你的妻子。"

这一次，门开了，两人很快就和解了。

即使是面对自己最亲密的人，也不能忘记做人最基本的礼仪，即使是尊贵的女王，也应当学会对他人尊重。常言道：送花的人周围都是鲜花，种刺的人身边都是荆棘。在大公司里，自己想说什么就说什么，自己想到什么就做什么，这样很容易在无意间伤害到别人。在你说与做之前，多想想别人的感受，多顾及身边的人，同时也不要强人所难，把自己的思想强加给别人，要知道，每个人都有自己的想法，都有自己不同的兴奋点，要尊重别人的意愿，因为，自己喜欢的东西别人不一定喜欢。只有如此，才能使你成为受欢迎的人。

第九章　诚信为本，大公司里真诚待人才能赢得信赖

诚信为做人之本。生活经验告诉我们，不讲诚信的人可以欺人一时，但不能欺人一世，一旦被人识破，他就难以在社会上立足，其结果既伤害别人，也伤害自己。为人诚实，言而有信，能得到别人的信任。也是自身道德的升华。作为大公司的员工以诚立身，讲究信用，才能守法守约，才能妥善处理好人与人之间的关系。

1. 做人做事，应当“诚”字为先

在汉字的书写中，恐怕再也没有比“人”字更为简单的了。一撇一捺足已。可要想作好这个“人”，有一点是不能少的，那就是——诚信。

诚信是一种人生态度，一种做人最高的精神境界。在大公司里，我们一定要有诚实守信的观念。用诚信要求自己，让诚信成为自己的习惯。当这种习惯形成的时候，也就是人格魅力增加的时候，也是我们无形资产增加的时候。

诚信是大公司员工必备的美德之一。诚信与否，往往会让一个人的处境发生翻天覆地的变化。诚实的人终究会得到人生的奖赏；而不诚实的人，等待他的将是失败和一无所获。一名员工只有诚实守信，才能够赢得他人的信赖和敬重，让老板乐于接纳。

诚实守信是我们中华民族的优良传统，是做人做事的最基本的行为

标准。它主要包括两个方面：首先是对自己的职业诚实守信。只要你还是这个企业的员工，只要你还从事自己的工作，你就应该尽职尽责、忠于职守。也许你对你的工作不满意，对你的报酬不满意，但是只要你在这个岗位上工作一天，工作一个小时，就要尽到自己的责任和义务。因为一个人忠于职守，就是在履行做人的原则。其次，要对自己的企业、对社会和公众负责，对企业、社会和公众诚实守信。一个人只有对自己的同事、客户、朋友诚实守信，才能够获得别人的尊重和认同，才能够为自己赢得成功和荣誉。

肖剑是一位很有才华的年轻律师，他手头总是有接不完的案子。他接案子有一个原则：如果发现委托人隐藏案情或没有诚实陈述，那么不管对方给多少报酬，他都会拒绝为此人辩护。他的一些同事嘲笑他傻，白白错失大赚一笔钱的机会。因此，总有人忍不住问他："虽然你知道他说了谎，但是别人并不一定知道啊，你为什么这么坚持不为他辩护呢?"肖剑为同事们讲起了他的故事：

在肖剑7岁那年的夏天，父母带他到公园玩。他看到别人在吃冰激凌，自己也想吃。于是，父母带肖剑到了冷饮摊，老板一边为他挤冰激凌，一边和父母攀谈起来，他们聊得很愉快。吃完冰激凌，他们去坐过山车、划船。当他们准备离开公园的时候，父亲突然问母亲："那冰激凌多少钱呢?"母亲不解，反问道："不是你付的钱吗？我哪里知道呢?"原来当时他们只顾着和老板说话，忘了付钱，而老板自己也忘了收费，肖剑听了高兴地说："太好了！吃冰激凌免费！"父亲说："走，我们回去把冰激凌的钱给老板！该付的钱还是要付。"肖剑不解地问："一个冰激凌又没多少钱，老板一定早就忘啦！"父亲严肃地对他说："孩子，不是钱多少，也不是有没有人知道的问题，诚实是我们自己心中的原则，而不是要做给别人看的美德。"

法国浪漫主义作家大仲马曾说，当信用消失的时候，肉体也就没有了生命。诚信不单是做人的准则，同时也是做企业、做事业的基本要求。因此，损失金银财宝可以，但绝不能丢掉诚信！一旦你给人留下了没有诚信的坏印象，那么这种印象就很难改变，最终影响你的工作和生活。

因此，在大公司里，一个人无论做什么都要讲求诚信。世界上任何大企业的老总几乎都说过相同的一句话，那就是为人处世首先要讲求诚信，以诚待人才会赢得别人的信任。事实也确实如此，离开了诚信，我们所做的一切其实都是无根之花，无本之木。

新中国成立前，上海有家公力造船厂，专门生产在长江上搞短途运输的沙船，由于机械动力船的竞争，工厂越来越不景气。这时，老板的儿子从大学毕业，接替父亲的职位，由于受到新思想的影响，他决定在沙船上装上动力装置，这在当时可是一个创举，也有很广泛的市场前景。但是，对船厂进行改造需要一大笔钱，父子二人以家产抵押，向钱庄借债，仍然无法筹集。无奈之中，向船厂的职工募集股本。这些工人财力有限，但碍于东家的面子，纷纷把自己平时攒下的救命钱拿了出来，这才凑齐经费，从国外引进了机器，准备制造新船。

万事皆备，就准备新船下水的时候，一场突然的变故发生了。日本发动了侵华战争，把公力船厂炸得粉碎，一家人立即亏得血本无归。

为偿还钱庄的借贷，一家人变卖了家产。顷刻之间，富商变成了穷光蛋。即使这样，船厂职工的钱还没有着落，这可是救命钱。少东家主张不再归还——因为自己也是出于无奈。可老东家不这样想，他觉得这些工人跟自己十几年，如果背信弃义，不但重振家业的打算会落空，而且还要在商场上失去信誉，以后就再也不会有翻身之日了。

在这种情况下，公力船厂的职工被召集起来，老板领着全家人向所有工人谢罪，拿出了典当首饰的钱还债，仍然不够，就立下字据，要求后代无论如何也要还钱。这种诚信感动了所有职工，他们本来就跟老板多年，现在看到东家有难，虽然都需要钱活命，但碍于情面，竟然没有一个人肯要。相反，他们纷纷表示要继续跟老板一块干，造沙船本来不需要很多本钱，加上战争吃紧，过去造机械船所需要的原料无法进口，沙船居然又火爆起来，公力船厂由此躲过一劫。老东家的诚信有了丰厚的回报。

人这一生，可以没有金钱而清贫，可以没有美丽而普通，可以没有荣誉和权力而平凡，但人不可以没有诚信。诚信是人的一种基本品质，是为人处世的基本原则；是取信于人的良策，是处世立身、成就事业的基石。从这种意义上说，诚信就是财富。甚至有人说，诚信比钱、比一切东西都要有价值，诚信是无价之宝。在大公司里，只有坚持诚信原则的人，才能赢得良好的声誉。他人也才愿意与其建立长期稳定的交往，才能获得成功。

2. 言必信，行必果

两千多年前，孔子就提出了“人而无信，不知其可也”的论断。“言必信，行必果”“一言既出，驷马难追”“一诺千金”等这些流传了千百年的古话，都是对诚实守信最忠实的阐释。因此，巴尔扎克说：“我们应该遵守诺言就像保卫你的荣誉一样。”

曾子是孔子的学生。有一次，曾子的妻子准备去赶集，由于孩子哭闹不已，曾子妻许诺孩子回来后杀猪给他吃。曾子妻从集市上回来后，曾子便捉猪来杀，妻子阻止说：“我不过是跟孩子说着玩的。”曾子说：“和孩子是不可说着玩的。小孩子不懂事，凡事跟着父母学，听父母的教导。现在你哄骗他，就是教孩子骗人啊。”于是曾子把猪杀了。

曾子深深懂得，诚实守信，说话算话是做人的基本准则，若失言不杀猪，那么家中的猪保住了，但却在一个纯洁的孩子的心灵上留下不可磨灭的阴影。曾子这样做，虽然物质上有了一些损失，可是曾子又在他的精神上收入了一笔可观的财富——诚信守诺。如果承诺了，就要信守自己的承诺。许诺以后就一定要履行承诺而不能失信于人，这关系到一个人的信用问题。在大公司里，虽然一个人做到诚实守信不一定能够成功，但不诚实守信一定不会成功。一个不诚实守信、自以为是、把别人当傻子的人，最后往往会成为“孤家寡人”，处于孤立无援的境地，当然更谈不上成功了。综观各个行业的成功人士，诚实守信都是他们所有人的共同点。

春秋五霸之一的晋文公准备攻打原国，和大夫们约定十天攻下。但到了第十天还没有攻下，他准备依约鸣金收兵回国。这时有一位将军对他说：“再有三天就可以攻下了。”群臣们也劝说他不要放弃，再等几天。文公说：“我已和大夫们约定且又和士兵们讲好十天，十天不退兵，我将失去信用。得到原地而失去信用，这种得不偿失的事我不愿做。”说罢毅然率军回归。原国的人听到此事，便说：“有像他这样守信用的君王，我们为什么不归顺呢？”于是自己出城投降了。卫国人听说此事，也主动归顺了晋文公。

无独有偶，公元前359年，卫鞅在秦国实行变法，以求富民强国。法令制定后，并未立刻公布，原因是卫鞅唯恐百姓不能信从。于是便想了一个主意，在首都的南门立了一根三丈高的木桩，征求能将木桩搬到北门的人，赏给十斤黄金。百姓觉得很奇怪，没有一个人敢上去搬动。于是卫鞅再次下令：“能搬动者赏给黄金五十斤。”俗话说：“重赏之下必有勇夫。”终于有一个人半信半疑地把木桩搬到了北门，立即获得五十斤黄金的重赏。表示信赏的决心，然后才公布法令。

北宋史学家司马光说：“信诺是君主的利器。”国家赖人民得生存，人民以信诺归附；不守信诺，便无法驱使人民，没有人民，便无法保卫国家。

因此，古时的君王，绝不欺骗民众，称霸的强国，也不失信于四邻，懂得治国的人，不失信于百姓，懂得持家的人，不失信于亲友。古人如此，如今更是如此。在大公司里，信守诺言是非常重要的。那些受欢迎的人，常具有各种不同的特点，其中最显著的特点便是具有遵守诺言的美德。一个真正聪明的人，不轻易答应别人，不轻易承诺别人，这是一种智慧。但是，承诺别人的事，就算再苦再难也要做到，这是一种高尚的品德。

"信义兄弟"孙水林和孙东林冒风迎雪、接力给农民工送薪的义举在中华大地上传扬，他们因此当选为"2010年度感动中国十大人物"。虽然哥哥孙水林不在了，弟弟孙东林却毫不犹豫地接过"信义"旗帜，用社会各界的捐赠设立了帮扶基金，倾情帮助困难农民工，并成立湖北信义兄弟建筑工程股份有限公司，将讲信用、重诚信的信义精神继续发扬光大。

1989年，武汉市黄陂区的农民孙东林与孙水林弟兄一同组建起建筑队伍，开始在北京、河南等地承接建筑工程和装饰工程。孙东林一直坚持以诚信为本，始终守信如金。20多年来，无论遇到什么状况，孙东林从未拖欠过工人的工资。有时，工程款不能及时拿到，他四处借钱，也要坚持将工资按时发放。他说："诚信，是为人之道，也是立足之本。"

建筑工人的流动性很大，但在孙东林带领的工程队中，许多工人从1989年开始便一直跟随他参与建筑施工，具有10多年工龄的农民工占了半数以上。工人们说："跟着他，我们放心。"2010年2月9日，在天津承包建筑工程施工的孙水林，为抢在春节前赶回武汉黄陂给先期返乡的农民工发放工资，不顾路途遥远、天气恶劣，连夜赶路千里送薪，不料在2月10日凌晨突遭车祸，一家五口不幸罹难。

得知噩耗，弟弟孙东林悲痛不已。为了替哥哥完成遗愿，他带上哥哥车上的26万元钱，返乡代兄为农民工发放工资。由于工资清单已不知去向，孙东林毅然决定：根据农民工报出的钱数，报多少给多少。

就这样，在除夕夜的前一天，孙东林将33.6万元工资，全部发放到了农民工的手中。兄弟二人生死接力送薪，谱写出了一曲诚信颂歌，人称“信义兄弟”。“结完全部工钱的那一刻，我才完全放松下来，我觉得可以告慰哥哥的在天之灵了。”孙东林说。

一个信守承诺的人，是一个有人格魅力的人；而一个视承诺为儿戏的人，自然不会得到别人的信赖。生活中，有些人在生活或工作上经常不负责，许下各种承诺，而不能兑现承诺，结果给别人留下恶劣的印象。比如你今天答应一个朋友要一起吃顿饭，可是临时有事你去不了了。比如你跟一个曾经的同事打电话说明天我去看你，可是最后因为一些原因你没去。再比如你答应要帮别人办某件事，到最后那个人一直等不到你的消息等等。试想一下，那些相信承诺的人在傻傻地等承诺的实现，可是那些许下承诺的人却早已忘记了自己的承诺，或者是身不由己而无法实现承诺。不管怎么说，当承诺无法实现时，这对于那些等待承诺实现的人都是一次不愉快的经历。因为他们的梦想破灭了。如果你不轻易地承诺别人，别人就不会心存希望，更不会毫无价值地等待，自然不会失望。相反，你轻易地许下承诺，无疑在别人心里播种下希望，而你无法兑现承诺，让别人的希望落空，别人能不生气吗？如此一来，你的形象就会大跌，别人也就不会再相信你了，也不再愿意与你共事，不愿再与你打交道，那么，你只有孤军奋战。所以，如果承诺某件事情，你必须办到，哪怕是付出巨大代价。在大公司里，信守承诺，才能获得别人的信任。

3. 巧诈不如拙诚

诚实守信是做人的基本准则，是人生的亮点。一个人要想在大公司里立足，干出一番事业，就必须具有诚实守信的品德。请记住：只有真诚对待对方，才能赢得对方的信赖。一个弄虚作假，欺上瞒下的人，是要遭人唾骂的。

美国加州数码影像有限公司需要招聘一名技术工程师，有一个叫史密斯的年轻人去面试，他在一间空旷的会议室里忐忑不安地等待着，不一会儿，有一个相貌平平、衣着朴素的老者进来了，史密斯站了起来。那位老者盯着史密斯看了半天，眼睛一眨也不眨。正在史密斯不知所措的时候，这位老人一把抓住史密斯的手说；"我可找到你了，太感谢你了！上次要不是你，我可能再也看不到我的女儿了。""对不起，我不明白你的意思。"史密斯一脸迷惑地说道。

"上次，在中央公园，就是你，就是你把我失足落水的女儿从湖里救上来的！"老人肯定地说道。史密斯明白了事情的原委，原来老人把自己当成他女儿的救命恩人了。"先生，你肯定认错人了！不是我救了你的女儿！"史密斯诚恳地说道。"是你，就是你，不会错的！"老人又一次肯定地说。史密斯面对这个对他感激不已的老人只能作些无谓的解释："先生，真的不是我！你说的那个公园我至今还没有去过呢！"听了这句话，老人松开了手，失望地看着史密斯说："难道我认错了？"史密斯安慰老人说："先生，别着急，慢慢找，一定可以找到救你女儿的恩人的！"

后来，史密斯接到了录取通知书。有一天，他又遇到了那个老人。史密斯关切地与他打招呼，并询问道："你的女儿的救命恩人找到了吗？""没有，我一直没有找到他！"老人默默地走开了。

史密斯心里很沉重，对旁边的一位司机师傅说起了这件事。不料那司机哈哈大笑："他可怜吗？他是我们公司的总裁，他女儿落水的故事讲了好多遍了，事实上他根本就没有女儿！"

"噢！"史密斯大惑不解。那位司机接着说；"我们总裁就是通过这件事来选拔人才的。他说过有德之人才是可塑之才！"

史密斯兢兢业业地工作，不久就脱颖而出，成为公司市场开发部总经理，一年为公司赢得了3500万美元的利润。当总裁退休的时候，史密斯继承了总裁的位置，成为美国的财富新星，家喻户晓。后来，他谈到自己的成功经验时说：“一个一辈子做有德之人的人，绝对会赢得别人永久的信任！”

“巧诈不如拙诚”，这是大公司做人的一句哲理名言。“巧诈”是指心怀鬼胎，有意图地故意表现出某些能够吸引人、迷惑人的假象，以得到与他人交朋友的目的。施巧诈有时确实能够蒙蔽对方从而达到自己的目的，获取利益。但如果交朋友也施巧诈之术，则往往会搬起石头砸自己的脚，弄巧成拙。因为巧诈往往带有明显欺瞒哄骗之举，经过一段时间后自然会露出破绽。鬼把戏被人戳穿以后，便会失去别人的信赖，朋友也会唾而弃之。“拙诚”则是心中不存恶念，诚心诚意地做事，脚踏实地地做人。这种人可能会略显笨拙，也可能一时没有朋友，抓不住别人的心。但人们常说：“路遥知马力，日久见人心。”朋友之间往往是长久的相处，拙诚的人貌似愚拙，却因其诚信而赢得别人对他的信赖，从而会有许许多多的知心朋友。

在大公司里，真诚是为人的根本。以诚待人，能够在人与人之间架起一座信任的心灵之桥，通往对方心灵彼岸，从而消除猜疑、戒备心理，把你作为知心朋友。我们在工作中应充满真诚，离开了真诚，则无友谊可言。一个真诚的心声，才能唤起一大群真诚人的共鸣。那些取得巨大成功的人都有许多共同的特点，其中之一就是为人真诚。自古以来，真诚就是一种永恒的人性之美。不管是什么时候，也不管是在什么情况下，真诚都能让你赢得他人的信任和回报。而处处欺骗别人，就算是在家门口也寸步难行。

香港首富李嘉诚曾说：“经常有人问我，为什么我能将事业做大，有了今天万人瞩目的成就？我这样回答他们：没有其他的原因，只一个‘诚’字就足够了。”李嘉诚驰骋商界，是从生产塑胶花开始的。当初，曾有一位外商希望大量订货。为确证李嘉诚有供货能力，外商提出须有富裕的厂家作担保。李嘉诚白手起家，没有背景，他跑了几天，磨破了嘴皮子，也没人愿意为他作担保，无奈之下，李嘉诚只得对外商如实相告。

李嘉诚的诚实感动了对方，外商对他说："从你坦白之言中可以看出，你是一位诚实君子。诚信乃做人之道，亦是经营之本，不必用其他厂商作担保了，现在我们就签合约吧。"没想到李嘉诚却拒绝了对方的好意，他对外商说："先生，能受到如此信任，我不胜荣幸之至！可是，因为资金有限得很，一时无法完成您这么多的订货。所以，我还是很遗憾地不能与你签约。"

李嘉诚这番实话实说使外商内心大受震动，他没想到，在"无商不奸，无奸不商"的说法为人们所广泛接受时，竟然还有这样一位"出淤泥而不染"的诚实商人，于是，外商决定，即使冒再大的风险，他也要与这位具有罕见诚实品德的人合作一回。李嘉诚值得他破一次例，他对李嘉诚说："你是一位令人尊敬的可信赖之人。为此，我预付货款，以便为你扩大生产提供资金。"

外商的鼎力相助，使得李嘉诚既扩大了生产规模，又拓宽了销路，李嘉诚由此发展成为塑胶花大王。

诚信是大公司做人的最高境界。交朋友贵在真诚。以真诚报真诚，心与心相印，情与情交融，方能成为真朋挚友。人与人交往，巧诈乍看上去，好像是机灵的策略，但是时间一久，周围的人怀疑甚至远离的可能性会大大增加。一位哲人说得好："一旦撒了一次谎，就需要有很好的记忆全力把它记住。"这累不累？撒了谎，就要设法"圆谎"，而谎话总是漏洞百出的。为了圆一个小谎，就要说一个更大的谎。谎言就是这样把撒谎者一步步逼上了不归之路。其实很多骗子就是这样从小骗变为大骗、巨骗的，最终落得个触犯法律、身败名裂的下场。诚实则是成功的保证。拙诚地做人做事，从表面上看似乎有些愚直，但是，当即就可能会赢来喝彩，尤其是久而久之，更会赢得大多数人的心。

4.

坚守自己心灵诚信的契约

当今社会是市场经济，也是契约经济。做人做事也要讲究契约精神。契约精神体现了众生平等、尚法守信的高尚品格和处事原则，是一种为社会所公认的行为准则和道德规范。契约存在的基础是公正和平等，如果你不尊重现有契约，那么契约存在的公正和平等的基础就会被破坏，契约也就不复存在了。践踏契约精神的人必然缺乏一种职业精神，缺乏契约精神和职业精神的人必然会为人们所不齿，甚至唾弃。

《郁离子》中记载了这样一个因失信而丧生的人：济阳有个商人过河时遭遇风浪，眼看船就要沉了。匆忙之中他抓住一根大竹杆大声呼救。有个渔夫闻声驾船赶来了，商人急忙朝着渔夫喊道："我是济阳最大的富翁，如果你能救我上岸，我一定给你100两金子作为酬谢。"

可是等到渔夫把商人救上岸后，他却翻脸不认账了，只给了渔夫10两金子作为酬谢。渔夫责怪他言而无信，出尔反尔。商人却说："你一个渔夫，一生都挣不了几个钱，突然得10两金子还不满足吗？"渔夫听了非常无奈，只好离去。

不久，商人乘坐的货船又遇到了风浪，在河水中翻了船。有个人准备去救那个商人，可是那个曾被商人骗过的渔夫看见了，就告诉他说："他就是那个说话不算数的人！"于是，人们都不再愿意去救助那个商人，商人只好眼睁睁地"看着"自己被河水淹死。

人无信不立。失信于人者，一旦他处于困境，便没有人再愿意出手相救，只有坐以待毙。人与人之间的交往只有建立在诚信的基础上，才能维系得长久。反过来，如果一个人因为贪图一时的小便宜，而失信于人，看起来似乎是得到了那么一丁点儿的实惠，但这点小小的实惠毁了自己的声誉，让自己落下一个不守信的恶名，这个恶名一传十、十传百，人尽皆知、影响深远，为自己以后的人生路埋下一颗炸弹。

小王在一家大公司上班已经2年多了，由于他能力很强，被任命为部门主管。但是他并没有与同事成为很好的搭档和朋友，反而感觉自己非常孤独寂寞，因为同事们好像都不喜欢和他来往，仅有的交往也就是工作上的来往。而且，他发现自己的任何指令和任务下达后，大家都不能够按时完成，总是拖拖拉拉，逾期交工。

于是小王便找到了咨询专家，询问怎样才能处理好和同事的关系。专家让他分析自己在人际关系方面的优点和缺点。他回想了一下自己的行为，把优点和缺点分别列了出来，并且列出了一些事例作为证明：

优点：待人随和谦虚，很少乱评价人，无不良嗜好。

缺点：马虎大意，经常失言。

一次同事小刘向他借移动硬盘和程序回家维修电脑，结果他忘了给小刘，弄得急于用电脑的小刘十分不快。还有一次，下班他发现忘带钱包就向同事借了10元钱坐地铁，结果忘了还给同事。又一次，他组织部门的同事一起郊游。可是到了那一天，他自己突然不想去了，想去国家大剧院看演出。于是打电话告诉大家他不去了，可当时同事们已经在单位集合了……

小王说，都是一些小事，自己也没有大的缺点啊，可为什么同事们都不愿意与自己打交道呢？为什么大家对自己的命令不当回事，总拖延工作，推迟完成任务呢？

咨询专家摇了摇头说："你放别人的鸽子，别人也会放你的鸽子，小事也要讲诚信。在这些小事上都没诚信，有谁会相信你在大事上不失言呢？你作为部门主管组织活动，自己却不参加，还在集合时间请假，分明就是托词，是不拿集体活动和自己的命令当回事，那你的下属和同事又怎么会对你讲诚信，遵守你的指令呢？既然你是活动的组织者，就一定要参加活动，而且在时间充足到可以让你自由支配的情况下,你就该把工作和活动的时间安排好,不耽误大家的集体活动,而不是找借口不参加。"

法国作家左拉说:"失信就是失败。"在大公司里,失信是最大的道德问题,绝不是讲真话假话这样简单的问题。只要向别人承诺了,就应该千方百计地为实现诺言而努力。如果努力了却无法兑现自己的诺言,要向对方讲明原因,求得对方的理解。无论是我们做人做事,还是企业生产产品、经营商品、提供服务,如果失信于人,只顾眼前的一点利益,那么,损失的将是意想不到的大利益。

市场经济建立在自愿交易的基础之上,从这个意义上来说,契约精神是市场经济之魂。没有契约精神和诚信,就不会有发达的市场经济。因此,员工从进入企业的第一天起,便与企业达成了一种契约。而任何契约的达成之日,便是忠实履行诺言之始;员工在享受权利的同时,也必须履行好自己的义务。许多时候,诚实守信,实践契约精神,就是塑造自己的良好形象。

16 世纪末,一个名叫巴伦支的荷兰船长,为了避开激烈的海上贸易竞争,他带领 17 名船员试图从荷兰往北开出一条新的到达亚洲的航线。他们途经俄罗斯的三文雅岛进入北极圈,一天清晨,他们突然发现自己的船已航行在海面的浮冰里,想退已来不及了。最终,他们不得不把船停泊在岛屿旁边。迎接他们的是接踵而来的恶劣天气。为了御寒他们拆掉船上的甲板做燃料。食物靠打猎来勉强维持生存。他们在这种极端恶劣的环境下艰难地度过了 8 个月,其中有 8 个人先后死去了。但巴伦支船长他们却做出了一件震撼而令人难以置信的事情:面对死亡的威胁,他们丝毫未动别人委托运输的货物,其中包括有可以挽救他们生命的衣物和药品。8 个月后,幸存的巴伦支船长和 9 名荷兰水手终于把货物完好无损地带回荷兰,并送还到委托人手中。巴伦支船长和船员的诚信举动震动了欧洲,也为荷兰赢得了宝贵的信誉。因此在 17 世纪,荷兰几乎垄断了欧洲的海运贸易,成为世界的经济中心。

巴伦支船长和17名荷兰水手用生命作代价，坚守诚信，为荷兰商人创造了传之后世而不朽的经商法则：诚信比生命更重要！坚守诚信，也许会带来一些细小的损失与困难。但却赢得人心与名誉、实现最大利润。万物因诚信而立，对于一个商家来说，诚信是信誉；而对于一个人来说，诚信便是立足之根本。如果一家企业不讲诚信，它将无法在商界立足；一个人不讲诚信，他将无法得到他人的尊重和信任。可见，诚信是大公司做人必须遵守的行为准则。因此，在这个世界上，要想立足于不败之地，就必须坚守诚信的契约。

5. 让诚信为你的人生加分

成功没有捷径，如果说有，那就是诚信加勤奋。在大公司里，信守承诺，讲究信誉，是成功的秘诀。诚信之于人生，是源头活水，能让生命之水长新；是罗盘针，能让人生运筹于帷幄当中；是启明星，能为人生辨明方向。古往今来，诚实信用之人都受到崇高的尊敬。大公司里的诚信风尚能引导我们创造一个美好的人生。

在网购时代，经常在淘宝网上买东西的人都知道"红心、钻石和皇冠"的区别。淘宝网规定，客户在购物的同时，可以给卖家评分，分为好评、中评和差评，好评加一分，中评不加分，差评扣一分。按照分数多少，一分是一颗心，两分两颗心……直至五颗，接着是钻，双钻，直到五钻，再高就变成皇冠。这代表着买家对卖家信誉的认可。相比传统商品交易，信誉等级在买卖双方经常无法见面的网络交易中的价值往往更高更具参考性。对于网上的店主来说，信誉就是生命。皇冠卖家比红心卖家通常更值得信赖，于是就有一些卖家想找一条获取信誉的“捷径”，由利益驱动的“信誉炒作”便应运而生。

据不完全统计，以淘宝信誉炒作为主业的利益团队，大大小小近500家，规模50人以上的近10家。信誉炒作的直接恶果就是使得老老实实靠诚信记录和好评率递增的淘宝卖家心灰意懒，也令总数高达1.3亿的淘宝会员面对各式各样的卖家信息无所适从。也正因为如此，淘宝网于2009年7月24日起推出“诚信自查系统”，要求卖家提交诚信证据。对于那些被查出虚假信用的淘宝卖家，淘宝将采取包括加倍扣除炒作信用积分，清退出消保组织，封杀任何形式的推广等惩罚性措施。淘宝高层甚至放话：“淘宝网可以不存在，但炒作信誉的产业一定不能存在。”自查3天即有2538家店铺自觉地删除了自己店铺的虚假交易评价。

有位名人说过，小胜凭智，大胜靠德。诚信就是道德，是一种优秀的职业精神。在大公司里，诚信是立身之道，是一种高尚的情操，它既体现了对他人的尊敬，也表现了对自己的尊重。一个守信用的人，走到哪里都会受人欢迎，不守信用的人只能处处受到人们的鄙弃。诚信的习惯，不仅会影响一个人的人际关系，是否守信用对事业成败也有巨大影响，有多少人信任你，你就拥有多少次成功的机会。

1991年，中国的股市刚刚起步，人人都希望一夜暴富的“神话”能够降临到自己的头上。为了送儿子出国留学，章铸夫妇把家里的10万元积蓄交给了自称能买到原始股的王杨。不久，王杨因诈骗数百万元被判处无期徒刑。而章铸夫妇则因此损失了105万元，这些钱不仅包括他们自己的积蓄，还包括他们向亲友和同事借的钱。欠债还钱，天经地义。章铸夫妇被骗了，但是他们不愿意拖累36位无辜的债主。于是章铸夫妇从上海纺织轴承厂辞职，去寻找能赚钱还钱的门路。章家夫妻俩摆地摊、搞贩运、打零工、站柜台，为了还债，他们吃尽了苦头。后来，章铸依靠自己在机械方面的技能开起了小作坊，利用一家工厂的车床生产药品批号打印机。2001年年底，章铸夫妇经过10年的艰苦努力终于还清了105万元的债务。

章铸夫妇讲诚信的事迹在2007年被导演姚晓峰拍成了电视剧《天经地义》，他们的诚信精神受到了世人的称赞。一个人诚实有信，才能获得大家的认可，才能得到别人的尊重。一个人失去诚信，就失去了一切成功的机会。坚守一份诚信，无异于给自己一个可靠的护身符。在任何时候，都不能为了利益而放弃诚信。那些常为了获得个人利益而放弃诚信的人，不会获得真正的成功。

一位先生开车来到了一家汽车维修店，他自称是省内一家大型运输公司的汽车队长。在店里为汽车更换了一个尾灯后，他对店长说："麻烦你在我的账单上多写点零件，回公司报销后，我一定会给你好处的。"然后他就从服务台上拿了一张汽车维修店的名片。店长摇摇头对那位先生说："对不起，先生！我们从来不给顾客虚开发票和零件。"那位先生继续纠缠说："我和朋友的车经常从你的店前路过，如果你和我们合作，你肯定能赚很多钱！"店长却还是坚持着告诉他，这种坑蒙拐骗的事哪怕挣再多的钱他的店也不会做，请找别的店吧。那位先生气急败坏地嚷道："谁都会这么干的，到嘴的肥肉还不吃，我看你是太傻了。"店长马上火了，他要那位先生马上离开，到别处谈这种生意去。这时那位先生却满脸微笑并满怀敬佩地握住店长的手，说："我就是那家运输公司的老板，我一直想寻找一个信誉可靠的维修店，你还让我到哪里去谈这笔生意呢？"

面对诱惑不心动，是一种重信誉讲诚信的精神。在大公司里做人要讲诚信，或许在有些人看来诚信不是什么大不了的事，但是，一旦人们发现你不讲诚信，那么在你看来非常小的事也会成为天大的事。你会被人们认为品德有问题，甚至品德极差。一旦你给人们留下了没有诚信、没有职业道德的坏印象，那么这种印象就很难改变，最终影响你的工作和生活。

第十章 提升能力,大公司里要用工作业绩证明你的实力

无论从事什么职业总要有一定能力作保证。在大公司里,能力是一个人立足的根本,是一个人的核心竞争力,是立于不败之地的法宝。大公司员工只有不断地学习,增强职业工作能力,具备“一专多能”“多面手”的更高层次的工作能力才能创造业绩,才会受人尊重。

1. 加强学习,打造持久的职场竞争力

工作每天都有新情况、新挑战,你每天都要面对新事物。因此,学习是一辈子的事情,这已经不是什么高深的理论,大家都有此共识,但未必人人都能做到。在大公司里,你无论多忙,都应该抽出一点时间来读书。不为消遣,只为学习。在大公司里,谁的学习力强,谁创造的价值就多,谁的职场竞争力就强。不善学习的人将会被淘汰。

小李毕业后没多久,就幸运地应聘到一所知名的职业学校做办公室的文职人员,主要负责起草文件、对外宣传等工作。同一办公室里还有其他三位同事。校长在场时,大家都表现得工作很投入的样子。校长不在时,同事们就精神放松下来,在电脑

上玩玩游戏，侃侃奇闻轶事等。小李因为初来乍到，很有自知之明，没有随大流，而是一有空闲，就想一想领导交办的事情有没有未办妥的，自己还欠缺哪方面的知识，然后抓紧时间进行充电。正是由于小李的用心，他为自己的未来增添了色彩。小李在学校干了四年，第一年做的是普通职员，第二年升任办公室副主任，第三年由副主任转为正主任，第四年出任校长助理。由于学校实行的是岗位工资，小李也由当初的每月几百元，升至现在的月收入上万多元。

在大公司要放眼未来，不断学习。提到学习，很多人首先想到的就是桌面上摆着厚厚的一摞书，面前放着考试倒计时表，为了一张成绩单拼死拼活地死背书……不可否认，那也是学习，只不过那种学习是被动的学习，是应试教育体制造成的学习状态。一旦进入职场，学习就变得尤为重要，而这个时候的学习，范围远远超过书本，概念也不仅仅是理论知识，方式也不是简单的背书、看书，目的更不是为了考试。在职场中学习的目的是为了提升自己解决实际问题的能力，增强职场竞争力。职场中碰到的问题不可能像教科书中那样规范，很多时候你都搞不清楚情况，经常没有先例可循，需要自己寻找途径。因此，你需要不断地学习。

惠普公司前董事会主席兼首席执行官卡莉·菲奥莉娜女士，从秘书工作开始职业生涯的她，是如何提升自我价值，一步步走向成功，并最终从男性主宰的权力世界中脱颖而出的呢？答案是不断地在工作中学习。卡莉·菲奥莉娜学过法律，也学过历史和哲学，但这些都不是她最终成为CEO的必要条件。卡莉·菲奥莉娜并不是搞技术出身，在惠普这样的一家因技术创新而领先的公司，是通过自己的不断学习来获得成功的。她说："不断学习是一个CEO成功的最基本要素。这里说的'不断学习'，是在工作中不断总结过去的经验，不断适应新的环境和新的变化，不断体会更好的工作方法并提高工作效率。我在刚开始的时候，也做过一些不起眼的工作，但我还是从自己的兴趣出发，找最合适的岗位。因为，只有我的工作与我的兴趣相吻合，我才能最大限度地在工作中学习新的知识和经验。在惠普，不是只有我需要在工作中不断学习，整个惠普都有鼓励员工学习的机制，每过一段时间，大家就会坐在一起，相互交流，了解对方和整个公司的动态，了解业界的新的动向。这些小事情，是能保证大家步伐紧跟时代、在工作中不断创新的好办法。”

能继续保持主动学习态度的人是不断进步没有停顿的。他们一步一步随着岁月踏实地发展，经过一年就积累一年的实力，经过两年就积累两年的实力。这种人才是真正的“大器晚成”。在大公司里，今天你可能是一个价值很高的人，但如果你故步自封，满足现状，明天你的价值就会贬值，被一个又一个智者和勇者超越。今天你可能做着看似卑微的工作，人们对你不屑一顾，而明天，你可能通过知识的丰富和能力的提高，以及修养的升华，让人刮目相看。

全国劳动模范窦铁成只有初中学历，但他凭着自己的努力，最终成长为“企业的王牌员工”，被认为是现代产业工人的楷模。在铁路电气和变配电施工的技术方面，窦铁成被称为“问题终端解决机”。许多问题，他不需要去现场，只要听人讲解大概情况，就能很快找出“症结”所在。窦铁成能练成这样“出神入化”的技术本领，与他的不断学习的努力与刻苦是分不开的。

1979 年，23 岁的窦铁成没有参加高考却通过了中铁一局的招工考试。窦铁成坚信一个人可以没有文凭，但不能没有知识和技能，参加工作后不久，窦铁成买来了《高等数学》《电工学》《电磁学》《电子技术》《电机学》等书籍，开始了艰难的自学。60 多本、百余万字的工作学习日记是他孜孜不倦学习的见证。从一个普通的电工成长为高级技师，其间付出多少努力，也许只有窦铁成自己才清楚。

1983 年，27 岁的窦铁成成为中铁一局最年轻的工程负责人。是年，他作为施工队长承担了国家重点工程京秦铁路沱子头变电所的施工任务。这是他接触的第一个大型变配电所，谈起多年前的这个工程，窦铁成仍然感觉压力大，信心不足，他说当时唯一的想法就是全力去拼，不能辜负领导的信任，结果是付出的最多，学的东西也最多。白天他和大家一起开沟敷线，到了晚上，他就把自己关在狭窄湿热的调压器室内，一张张图纸、一条条线路、一个个节点分析，仔细研究电缆怎么走、设备如何安装。凭着永不言败的精神和一股倔劲，窦铁成把七套不同技术的图纸弄得明明白白。后来，工程顺利验收并获得了国家优质工程银质奖。此后，他带领工友们先后负责安装的37个铁路变配电所，全部一次验收合格，一次送电成功，获得了国家级优质工程奖、铁道部优质工程奖、中国中铁优质工程奖、中国建筑工程鲁班奖等十多个奖项。

2006年7月，窦铁成参加浙赣铁路板杉铺牵引变电所施工工程。这个变电所是浙赣铁路规模最大、技术含量最高的变电所。施工过程中，变电所的变压器引入导线设计要求为铜板双导线，但国内没有这种产品，交工日期已经逼近，大家把目光投向了老窦。连续5个晚上，他在宿舍写写算算，反复推敲。5天后，“简化结构，保证功能”的产品加工方案“出炉”，利用现场既有的铜排、铜螺栓等材料，加工制作出符合技术和功能要求的全铜间隔棒，完全达到技术指标。后来，该技术在900多公里的浙赣线电气化改造工程中迅速推广，节约成本4倍多。由他负责安装的45个铁路变配电所，全部一次性验收通过，一次送电成功，获得“优质工程”称号。

窦铁成参加工作30多年间，他提出实施设计变更、解决技术难题、排除送电运行故障，为企业挽回经济损失及节约成本1300多万元。从一名只有初中文化的农村青年，成长为给企业创造上千万元效益的电力专家，这都是学习的效果。

在大公司里，人与人之间的竞争更加激烈。不学习，就会落后。有很多人不去学习，不去想办法提高自己的能力，而是抱怨公司、领导对自己不够重视。实际上，问题出在自身，你没有养成学习的好习惯、不去提高自己的工作能力，老板怎么会重视你呢？老板又凭什么重视你呢？因此，如果你想在竞争激烈的大公司中胜出，就必须在工作中不断学习，不断地吸取经验教训,以新的技能来支持你的成功。如果不能在工作中不断学习,以提高自己的知识和能力,不能应付自己的工作,不能为公司创造更大的价值,就算你曾是公司的重要员工,就算你是硕士、博士甚至博士后,老板也会为了公司的利益把你扫地出门。

2. 干一行,爱一行,精一行

在大公司里,每一位员工都要干一行,爱一行,精一行。这实质上就是一种对事业高度负责的精神,它不仅是工作作风的内在要求,更是精神品格和人格魅力的外在表现。干一行,爱一行,精一行是每一位员工都应该遵从的基本价值观。一个人无论从事何种职业,都应该热爱自己的工作,对工作尽心尽责、全力以赴。这不仅是职业的原则,也是人生的信条。试想,一个人连自己的工作都不热爱,又怎么能做好自己的工作呢?

陈晓阳是上虞市新和成生物化工有限公司一名车间班组长。这位来自江西丰城的新上虞人说一直非常喜欢英国前首相丘吉尔说过的一句话:“不能爱哪行才干哪行,要干哪行爱哪行。”陈晓阳把这句话当成自己工作的座右铭,在上虞杭州湾工业园区这片热土上,在新和成这个大花园里,精心浇灌,努力耕耘,默默芬芳着他工作激情,实现着个人执著的追求。

2008年年初,新和成生物化工有限公司又一条维生素生产工艺线正式落户杭州湾畔。毕业于浙江工业大学化学工程专业,在新和成已有十年工作经验的陈晓阳,从新昌基地调到上虞,参与这项名叫520项目的技术建设,并担任520车间班长。时间就是效益,在工程建设动员大会上,陈晓阳一拍胸脯,立下军令状："我一定保质保量地完成工程进度，保证让企业按时开车，否则我主动辞掉这个班长。"

为了这个承诺，他每天早出晚归地工作，协调督促施工安装进度，帮助抓好施工质量安全，热情培训新员工。2009 年 5 月，520 项目进入工程扫尾的冲刺阶段，有知情的同事说，那段时间，陈晓阳经常在熄灯后打开电灯，在本子上写着工作内容。6 月，项目顺利通过省安全"三同时"验收，但陈晓阳却比过去瘦了许多。

2009 年 7 月 12 日，这对新和成生物化工有限公司员工来说，这是一个令人激动的日子，因为经过大半年的努力，终于迎来项目投料投产的日子。然而不巧的是，就在这时，陈晓阳的妻子给他打来电话，哭泣着说他们 3 岁的儿子已经病了两天，现正躺在医院高烧不止，让陈晓阳赶紧回家。尽管陈晓阳已差不多连续 2 个多月没有回家了，但他还是一咬牙对妻子说："你辛苦一下，这里离不开我啊！"

公司总经理得知此事后，非常感动，组织人员连拖带拽把陈晓阳送到医院。第二天一早，同事们发现，陈晓阳又早早出现在了车间。车间试生产两周过去了，但生产工艺仍未全线打通，面对出现的异常状况，陈晓阳非常焦急，他将车间当成了家，与一些专家、教授一起全力攻关，有时饿了就泡一包"康师傅"充饥。2009 年 9 月，企业成功生产出第一个合格产品。

工作以来，陈晓阳参与了新和成维生素 E 绿色生产工艺及产业化项目建设，该项目曾荣获 2010 年国家科学技术进步二等奖；他还提出一个金点子，有效改善了无泄漏取样方式，每年产生经济效益高达 600 万元。

在大公司里，只有干一行爱一行，真正沉下心去，才能做出成绩。陈晓阳就是这样的人。在工作中，每一行都有其苦与乐，除非你实在厌恶了某个行业，否则最好不要轻易转行，因为这样会让你中断学习成长的机会。唯有把那份工作当作一种不可推卸的责任担在肩头，全身心地投入其中，才是正确与明智的选择。

在大公司里，干一行，爱一行，精一行就是钻研专业技能。专业是你的利斧之刃，没有锋利的刃，只凭一把钝斧难以披荆斩棘，更不用说开山凿石了。正如成功学大师拿破仑·希尔博士所说："专业知识是这个社会帮助我们将愿望化成黄金的重要渠道。也就是说，如果你想获得更多的财富，就要不断学习和掌握你所从事行业的相关专业知识。无论如何，你都要在行业里面成为一等一的专才，只有这样，你才能鹤立鸡群，高高在上。"

张三、小王和赵四在同一家广告公司做文案策划。一天，三人各自接到了为一家房地产公司策划广告文案的任务，接到任务后他们马上开始搜集信息、寻找灵感，以求得到最好的创意。

张三在搜集信息的时候就不耐烦了，"这个楼盘的相关信息既繁锁又细碎，我估计仅搜集信息就要花费大量时间，与其把时间都花在搜集和整理信息上，还不如先休息几天，凭借我的聪明才智，没准一不小心就能找到灵感呢。再说了，文案设计得再好，我也不能从房地产公司那里得到更多的好处，老板也不会多付我一份工资，因此这件事根本就不值得我费那么大力气。"于是，他好好地休息了几天之后，就草草地策划了一份楼盘广告文案准备应付了事。他策划的这份文案读起来令人感到索然无味，完全是堆砌辞藻，至于文案本身的创新性和审美性就更不用提了。这样的文案显然没有任何利用价值，更别奢望会被房地产公司选中了，当然是被广告公司的老板看完之后随手扔到了废纸篓中。

小王搜集了几天信息之后也搞得无聊了，他觉得自己的工作实在是太枯燥了，几乎所有的灵感都在搜集信息的过程中跑得无影无踪，尽管最后他挖空心思也没能思考出一个好创意，不过他还在想："我既然拿了老板的工资，就有责任把这个文案弄出来。"于是，他强迫自己搜集和整理了一些重要的相关信息。在他的努力下，文案终于策划好了，这个文案很真实地反映出那个楼盘的重要特点，但是最后看起来总是让人觉得少了点什么。

而赵四从接受任务那天起就开始通过各种途径搜集有关这

个楼盘的有用信息，而且他还从图书馆借了几本最新的有关房地产广告文案的书进行学习，然后又通过向同事、朋友学习以及凭借自己丰厚的知识积累，他很快就找到策划这一文案的灵感。有了灵感的他马上把这种灵感用自己的文字捕捉住，而且他又抓紧时间对这个文案进行润色和进一步的加工，最后，他终于在老板规定的期限内完成这个优秀的创意。他送给老板的是一份颇具创意和吸引力，并且也不失格调的策划方案，老板看完之后马上把这份文案传真到了那家房地产公司，结果皆大欢喜。

到了年底，广告公司开除了张三，留下了小王和赵四，不过小王的薪资水平和各种福利待遇都与赵四有着明显的差别。

5年以后，张三依然一事无成，因为没有一技之长，他经常成为公司裁员的对象，只好不停地找工作；小王虽然工作很努力，但因为技不如人，只能拿很低的薪水；而赵四却成了全市著名的策划大师，他策划出的文案既形象生动又深入人心，为许多聘用他的公司创造了巨大的利润。

同在一家大公司里，同样工作，为什么小王就是不如赵四呢？这是因为在知识经济时代，高科技、高智力的工作，需要高素质的劳动者，在社会大环境下也需要有更高的专业要求和效率，所以具备相当的专业背景知识和能力，就成为必备的条件。在面临同样的竞争选择时，谁能更专业谁就能获得更多的竞争优势。社会上许多知名的企业家和优秀的职场精英，他们也许没有上过大学，却做出了非凡的贡献，甚至取得了超出常人的成就。原因何在？就在于他们在工作中干一行，爱一行，精一行。

马丁·路德·金说："任何工作都有其意义，所有于人类有所促进的工作都有其尊严和价值，应该努力不倦地把它做好。"因此，干一行，爱一行，精一行，才能做出名堂；干一行，爱一行，精一行，才能实现我们的梦想！

3.

绝不盲目迷信权威

在《现代汉语词典》中，权威指的是“使人信从的力量和威望”，或者是“在某种范围里最有地位的人或事物”。对于这些权威，我们应该尊重，但是绝对不要盲从？不迷信权威并非是狂妄自大，而是在尊重权威的情况下，保持一颗清醒的头脑和敢于怀疑的心，只有自己才是工作的主人。

在工作中，权威也会有出错的时候。在大公司里，一味地迷信权威，我们就会丧失自我思考的能力，行动就会不自觉地被专家们的论断所束缚。陈云有句名言：“不唯上，不唯书，要唯实。”对于做人做事，此语尤显重要。作为一名大公司员工，要敢于说不，绝不能一味地迷信权威，而应以事实为基础进行工作。

有一个故事讲学生们向苏格拉底请教：“怎样才能坚持真理？”

苏格拉底让大家坐下来，随后取出一个苹果。他用手指捏着，慢慢地从每个同学的座位旁边走过，一边走一边说：“请同学们集中精力，注意嗅一嗅空气中的气味。”然后，他回到讲台上，把苹果举起来晃了晃，问：“哪位同学闻到了苹果的气味儿？”有一位同学举手回答：“我闻到了，是香味。”苏格拉底再次走下讲台，拿着苹果，慢慢地从每一个学生的座位旁边走过，边走边说：“请同学们务必集中精力，仔细嗅一嗅空气中的气味。”稍停，他第三次从讲台走到学生们中间，让每一个学生再嗅一嗅苹果的气味。

经过三次“嗅一嗅”之后，除了一个学生外，其他学生都举起了手，都说闻到了苹果的香味。那位没举手的学生环顾四周，觉得一定是自己错了，于是，他也随波逐流地赶紧举起了手。苏格拉底脸上的笑容不见了。他举起苹果缓缓地说："非常遗憾，这是一个假苹果，什么味儿也没有。"

一个这么简单的问题，在权威面前。谁也没有成功！苏格拉底用嗅苹果的方法，生动形象地告诉学生：真实才是真理，它比权威更重要。不过，也有人战胜了权威，那些战胜了权威的人都是敢于独立思考的人。因此，在大公司里，我们在尊重权威的同时，还要保有自己的思想，不应盲从。权威也有错的时候，实践才是检验真理的唯一标准。

很多年以前，俄亥俄州辛辛那提联合铁路车站的灰泥墙上镶嵌着一副壮观的壁画，画中生动地描绘了辛辛那提市的优美风景。经过岁月的变迁，火车站因为年久失修，墙体开始不稳固，许多人都在猜想这个古老的火车站肯定难逃被拆除的命运。人们都开始担忧起来，因为那些精致的壁画如果与车站一并毁掉的话，将是很大的损失，许多人都认为这么美的艺术品不该毁于一旦。

一些专家学者都认为："如果车站要拆除的话，壁画是绝对保不住的。"大多数人听到这个结论后都暗自惋惜，然而，一个叫阿弗烈摩尔的人并不相信专家们的论断。阿弗烈摩尔深知要想在拆车站时保存壁画并非易事，而且如果真要保全壁画的话，投入的人力、财力、物力是相当巨大的，但阿弗烈摩尔想，不管怎么样，一定会有可行的保存计划。在他冥思苦想一周后，果然想出一个妙计，那就是把那幅长达 20 米左右的壁画迁离车站。阿弗烈摩尔召集了许多有志之士，准备靠大家出钱出力打造两座巨型钢架，一座钢架用于套住墙壁的正面，使画面免于受损，再用另一座钢架套牢墙背。之后要做的就是弄松墙脚，并用大型起重机把整个墙壁吊起。这样一来，壁画就能全身而退了。阿弗烈摩尔打破了专家的预言，那片墙后来被放立在一个新盖的机场里，供往来的游人欣赏。

迷信权威是阻碍一个人发展的大敌。如果人人都只会在专家的论断前沉默不语，那这个世界就无法进步了。专家的论断并不都是真理，如果专家说你不行，你就一定不行了吗？显然不是。很多时候，人们只是喜欢去仰望“权威”，把他们的每句话都奉为金科玉律。如果我们长期套用这种模式，并且将这种模式奉为己用，那么最后反而会陷入僵死的结局。因为盲目迷信权威，不但会迷失自我，还会让他人觉得你是一个容易被人牵着鼻子走的人，丝毫没有自己的人生观和经验。

有一个发生在交响乐团的故事。那是一场比赛，有几百名权威人士在场，许多指挥家指挥到一半，都发现乐谱上有一个错误，但是，谁也没有勇气指出来。他们想，几百名权威人士在场，乐谱怎么会出现错误？最后一名指挥家上场了，他指挥到一半时，同样发现了那个错误。当时，他也不敢指出错误。他指挥乐队再重新表演一次，但还是发现这个乐谱有错误，就屏住呼吸大胆地提了出来。全场顿时响起了热烈的掌声。原来，评委们在乐谱中故意写错了一个地方，他们认为，能大胆指出错误的指挥家，才配做指挥家。这个指出错误的人就是日后著名的音乐大师小泽征尔。

重视专家权威是凡人普遍的心理。敬重专家权威说明敬重知识、敬重能力。这本是好事，但我们无论做什么事都要有个限度，过了限度好事就可能变成坏事。对权威的敬重过了限度，到了盲目的地步就不是明智而是愚蠢了。对待权威的正确态度应当是，尊重权威，而不迷信权威，不拘泥于权威之论。因此，在大公司里，不论任何事情，我们首先要相信自己，坚持自己的想法，才能跳出框框，走出自己的人生路。

4. 永不满足，不断进取

有人向美国薪水最高的职业经理人询问成功的秘诀，他说："我还没有成功呢！前面还有更高的目标。"在成绩面前永不满足，不断前进，这其实就是积极进取的精神。在大公司里，积极进取的精神不允许我们懈怠，它让我们永不满足，每当我们达到一个高度，它就召唤我们向更高的境界努力。如果你在一个职位上拿到不错的薪水，于是缺乏向更高职位努力的动力，那就非常遗憾了，这说明进取心开始消退了。其实，你有能力做得更好。在大公司里，浅尝辄止、安于现状、不思进取的人不会做出什么大成绩。一个有崇高目标、期望成就大业的人，总是不停地超越自我，拓宽思路，扩充知识，敞开生活之门，希望比周围的人走得更远。他有足够坚强的意志，激励自己做出更大的努力，争取最好的结果。

王林工作仅一年多，却已经被提升为了总经理助理。很多人不明所以，一个刚工作不久的新人凭什么呢？

王林所在的企业是一家外企，因为是公司最后招聘的一批人，所以王林做事总是特别认真，且谦虚好学，有什么不懂的都会向前辈们请教。很快，重点大学毕业的王林摸索清了自己需要干什么，该怎么干。

一次，总经理召开一次全体员工大会。会上，所有员工都很认真地听着，当然也包括王林在内。但王林除了认真倾听会议上同事们的发言外，听到自己觉得重要的意见时，他还会记下来，以提升自己的能力。这让总经理很快就记住了这个唯一拿笔记本做笔记的员工。

就在这次会议后不久，王林所在的部门进行了很大调整，并暂时由总经理直接管理。由于上一次的会议对王林有了一定的印象，因此，一有什么事儿，总经理总是习惯性地找王林。而且，他发现每次找王林谈事时，王林总会带上一个本子。不管他交代的事情是大是小，王林总会在本子上快速地整理出“5 个 w 和 1 个 h”（“5w”即 when 什么时间、where 在哪里、who 谁、what 做什么、why 为什么，“1h”即 how 怎么做）。整理完成后，王林会马上理出一个简单的计划及完成的时间表，与总经理进行下一步的讨论，再就不明白之处细细请教一番。这样，王林就能将一件本来非常庞大的难以掌控的事情细分为许多可控的小事，并且全部过程都在总经理的掌握之中。为了将工作做到最好，王林经常是早上最先到、下班最后走的那一位。

王林的勤奋好学没有白费，总经理交代的每一件事他都完成得很好。就这样，进入公司一年半的王林很快被总经理提升为助理。与同事谈起这件事时，总经理总是这样说：“我最怕的事情就是把任务交代下去之后就石沉大海，直到截止日期才突然告诉我无法完成，连补救的机会都没有。有了王林做助理，我什么都不用担心了，也不用亲自动手，但每件事情的进展却都在我的掌握之中。即使有疑问，他也会先思考查资料，再将问题整理好来问我，这样一个勤劳上进的员工我不好好珍惜，留在自己身边岂不是浪费了。”

积极进取的精神，既是一个人对生活的态度，体现了人乐观向上、不断追求的精神，也是时代的要求。俗话说：“逆水行舟，不进则退。”我们所处的时代是一个飞速发展的时代，必须不断学习，不断提高，否则就会落伍，被社会淘汰。

只有进取心才会使我们改变现状，只有不满足的激情才会激励我们去追求完美。这也是人类进步的动力。在大公司里，员工若想求得发展，就必须让自己变得更加优秀。只有时刻提高自己，才能不至于落后于人，才能得到上级的重视。

三年前，大雷被走马村的乡亲们推选为村主任。大雷是个能人，当初在所有人都不看好的情况下，大雷承包下了村里的荒山。几年后这片荒山成为了四季飘香的果园。大雷也成了村里首富。走马上任后,大雷信心满满:“我保证三年之内一定解决所有村民的温饱问题。”

然而,三年很快过去,又一届选举将到。大雷找到乡长,有气无力地说:“这芝麻官我不当了。”看着乡长波澜不惊的表情,大雷紧接着委屈地说道:“我当了三年的村主任,工资一分没拿,自己的果园也没顾上管理,没挣钱不说,大小事更是一大堆,我简直被烦死了,一点当年开创果园的热情都没有……”

换届选举的时候很快就到了,可是村民三番五次地投票之后,却始终没选出个村主任来。因为每次被选到的人都会把头摇得直响。就在乡长也觉得犯愁之时,刚刚大学毕业的二雷站了出来:“没人干,我来干!”

二雷是大雷的弟弟,听到二雷成为村主任的消息,大雷开始埋怨起来:“二雷啊,你学历是比哥高,但对于村里的事情你还能比哥厉害?没有个三头六臂,你能管好一个村子?再说这是一个倒贴钱的活儿,你简直是在瞎胡闹!”

二雷笑了笑,说:“哥,没事!早就听说了大学生村官这政策,我对这事儿是满怀信心的,我喜欢这个工作,我相信我能带领村民们脱贫致富!”

上任后,二雷马上就行动起来。他首先到县农村合作社贷款 5 万元,又去邻县买来 60 头小尾寒羊。可是怎样才能让村民们相信他,都来喂养这个小尾寒羊呢?大雷打击说:“你就别做梦了,这种想法我以前就有,问了一圈根本没人愿意养。你就放弃吧!”然而,二雷的热情并未被大雷的冷水泼凉。一番思量之后,二雷召开了村民代表大会,神秘地对村民说:“我这次买来的 60 头品种羊只能由十户人家喂养,而且,喂养户必须符合我提出来的这几个条件:有一年以上的养羊史,家里有男劳动力;没有经济负担;没有违反过村规民约……如果母羊下羔,领养这 60 头羊的村民在三年后要向村里交上 20 头羊,算是现在的本钱和利息。而且,这些羊不能私自出售,由村里统一收购……”会场马上变得热闹起来,大伙儿按照二雷所提的条件筛选了一番，最后被选出的十户人家兴奋得两眼放光，一脸幸福。

“小尾寒羊”很快就成为了村民们议论的热点。没有被选上的村民们，投亲访友地好说歹说非要从养殖户手中弄走一只羊羔……

很快，二雷任期的第三年到了，村里家家户户都养上了小尾寒羊，且人均收入竟然超过两万元，很快就成为了远近闻名的小康村。看到村民们过上了小康生活，二雷的热情更加高涨，他说：“现在村民们的物质水平提高了，接下来他要做的就是提高村民的精神水平了……”

换届选举时，二雷以全票当选。没有大雷所形容的辛苦劳累，二雷觉得心里是甜的！

其实，二雷作为一名村主任也是员工的一员，如果他与大雷一样没有对这份职业的热爱，没有那份进取精神，或许他的“工作”也不能取得那么良好的效果，他的内心也不会“哪儿都是甜的”。可见，一个人有了积极进取的精神，就能在生活和事业上不断给自己提出新目标，并为实现目标不断努力。只有不断进取，才能完成崇高使命和创造人生的辉煌。一个人只看到眼前，满足于眼前所拥有的事物，他将会停滞不前，也就是像人们经常说的，做一天和尚撞一天钟。这个道理恐怕人人都懂，但真正明白的人就少了。生活中最悲惨的事莫过于一些雄心勃勃的人满怀希望地出发，却在半路上停了下来，满足于现在的温饱和生存状态。

爱迪生、斯旺以及许多科学家在同一时期研究电灯，当时电灯的原理已经很清楚了——要把一根通电后发光的材料放在真空的玻璃泡里，人们在解决一些具体问题——如何让它更轻便、成本更低廉、照明时间更长。其中最主要的问题，也是竞争的焦点，在于灯丝的寿命。

爱迪生全力以赴地投入了这项研究，有位记者对他说：“如果你真的让电灯取代了煤气灯，那可要发大财了。”爱迪生说：“我的目的倒不在于赚钱，我只想跟别人争个先后，我已经让他们抢先开始研究了，现在我必须追上他们，我相信我会的。”

在当时，爱迪生已经声名赫赫，他仅仅宣布可以把电流分散到千家万户，就导致煤气股票暴跌了12%。他本人是冷静的，在设想成为现实之前，他要像小时候在火车上做实验一样踏踏实实地干。他已经是一个改进了电话、发明了留声机、创造了不计其数的小奇迹的著名“魔术师”，但他是这样的人——一旦取得了成果，就把它忘掉，扑向下一个。用来做灯丝的材料，他尝试过炭化的纸、玉米、棉线、木材、稻草、麻绳、马鬃、胡子、头发等纤维，还有铝和铂等金属，总共1600多种。那段时间，全世界都在等着他的电灯。

经过一年多的艰苦研究，他找到了能够持续发光45小时的灯丝。在45个小时中，他和他的助手们神魂颠倒地盯着这盏灯，直到灯丝烧断，接着他又不满足了：“如果它能坚持45个小时，再过些日子我就要让它烧100个小时。”

两个月后，灯丝的寿命达到了170个小时。《先驱报》整版报道他的成果，用尽溢美之词。大街上响彻这样的欢呼：“爱迪生万岁！”然而，爱迪生用这样的讲演使人们再次惊讶：“大家称赞我的发明是一种伟大的成功，其实它还在研究中，只要它的寿命没有达到600小时，就不算成功。”那以后，他在源源不断送来的祝贺信、电报和礼物中，在铺天盖地的新闻中，默默地改进着灯泡，向600小时迈进，结果，他的样灯的寿命却达到了1589小时。

在大公司里，一个不断进取的人总是无法满足已有的成就，总是去追寻更伟大、更完善、更充实的东西。皇冠只属于攀登上顶峰的人，荣耀只属于那些排除万难而勇敢攀登的人。因此，真正伟大的人物都是永不满足，不断进取的人。因为随着他们的进步，他们的标准会越定越高；随着他们眼界的开阔，他们的进取心会逐渐增长。只有满足于眼前成就的人才会停步不前，而进步者总是感到不足。

5. 做一个不可替代的金牌员工

一个人的职场生涯占据了人生的大部分时间，在日益激烈的社会竞争中，工作往往成为了人们生存与发展的重要途径。而要想让自己成为大公司不可或缺的金牌员工，你就必须努力成为大公司的核心人才。要成为企业的核心人才的硬件，就是你要对这家企业有贡献而且还是比较大的贡献。这是成为核心人才的首要条件。你的能力别人没有，这就是你在职场存在的理由，这就是你能够安身立命的资本。

程宇航刚从一家小公司跳到一家大公司，他想，这下可好了，总算找到一个可以施展自己才华和抱负的空间了。但是，他很快发现，大公司与小公司运作方式完全不一样，在这里，公司机构层次分明，一切都要从最细微的琐碎小事做起，人人都在忙自己的事情，没有人关注他，更没有人来帮助他。在以前的小公司，自己有什么想法、有什么新鲜的创意，可以直接找老板商量，但是，在这里，一次次的会议，自己作为普通职员没有参加的机会，而那些衣帽鲜明的高层经理们，只是动动嘴皮就能决定他们的去留。虽然满腹才华，胸怀宏愿，但却得不到表现的机会，这样下去，何时才能熬出头啊？程宇航再也没有了刚进公司时的那份喜悦。放假回家，程宇航和当教师的父亲外出散步，他想起自己在公司里的烦恼，又忍不住抱怨起来。父亲无言地听着儿子的抱怨，突然俯下身，从地上捡起一块石头，抛了出去，扔到附近的一堆石头上。这时，父亲问程宇航："你能把我刚才扔出去的石头捡回来吗？""那么多石头堆在一起，我怎么能分辨出哪块是你扔的啊？"程宇航皱了皱眉头说。"那，如果我扔的是一颗大珍珠呢？"父亲意味深长地问。程宇航恍然大悟。

如果你只是一枚平淡无奇的石头，就没有权利抱怨不被注意，因为你没有被注意的价值。要想引起注意，要想拥有自己的立场和声音，你就要站起来去为自己争取。在大公司里，努力才能提升你的价值，成为珍珠才能引人注目。

艾莎从英国留学回来后，进了一家公关公司。老板很看重她的留学背景，可是同事芬芬对艾莎很不满。芬芬在公司已经干了一段时间，艾莎进了策划部后就和芬芬一起负责活动的策划。艾莎的到来，成了芬芬最大的威胁。进公司后不久，她们就接到一个比较重要的项目，由艾莎和芬芬一起策划。每天她们都讨论到很晚，艾莎把自己的新点子一个接一个地抛出来。

可没想到，在策划做好之后，芬芬却单独去找老板，把两个人一起做出来的方案向他汇报，却绝口不提艾莎的名字——两个人的创意成了她一个人的！在这之后，艾莎每次策划讨论，都当着大家的面把自己的创意说出来，让老板知道，这些都是自己的点子。

艾莎非常了解自己，她知道自己的强项是什么，比如她懂得揣摩客户的心理——这些都是芬芬所没有的。在以后的工作中，艾莎不断强化着自己的优势。而芬芬从那次偷了艾莎的策划之后，就再也没拿出过好的策划，她的方案总是被老板否决。半年之后，芬芬主动提出了离职。

在这个故事中，我们可以看到艾莎的核心竞争力，有学历的关系，但绝对不是最重要的，她的创意才是自己在工作中不可替代的。在大公司里，金牌员工是创造企业利润的主力军，他们是企业的核心和代表，是企业的灵魂和骨干。金牌员工往往掌握着企业的核心竞争力，所以金牌员工一旦流失，其后果是损失惨重。成为企业的金牌员工对于年轻人来说是至关重要的，往大了说，它可以实现我们的人生价值，往小了说，它可以提升我们在公司中的地位，为我们带来丰厚的收入，也为我们的职业生涯提供助力。

当然，大公司的金牌员工并不是天生的或者不变的，只有在不断地学习中，员工才能成为真正的核心人才，为公司的成长保驾护航！任何一个员工，要想让自己成为大公司里不可替代的人，必须拥有出色的工作能力和高尚的职业道德。只有当品德与能力都超越其他人时，你才能成为领导眼中的金牌员工。

赵晓晓过去曾在一家大型国企下属的独立承包分厂做销售统计，因为有领导极其信任的动力，她的工作热情也格外高涨，不仅各种报表统计数据准确无误，而且还针对分厂特性，建立了多个供领导适时决策的信息台账，如原料进购、分片销售、个人业绩、地域销售情况等，受到领导赞赏，同事好评。由于办公室业务员们在外出差的时候多，所以他们回来的时候，赵晓晓都会尽量让他们在这个环境里得到最好的休整。头几年，赵晓晓对自己最欣赏的就是始终如一日地第一个踏进办公室的门。

然而，当一把手调到系统其他单位做了厂长后，新来的领导断言赵晓晓更适合搞生产管理。其实她知道这是新一任领导对她的信任危机。但她还是斗胆地这样问："我以为在这个岗位上我做得很出色，你觉得有比我更能胜任的人吗？"

新来的领导说："我承认，但出色并不代表不可替代。"在这种情况下，赵晓晓调到总公司广播员的岗位。在同事为她饯行的酒杯声中，她的泪水根本无法控制。哭过后，她冷静下来安慰同事，她说，领导这样做是要我具备更多的能力。面对广播员这个陌生的岗位，赵晓晓知道没有坚强的毅力和创新的精神是难以胜任的，于是她对它倾注了大量的心血。很快，赵晓晓的播音技术"突飞猛进"。通过一段时间的实践，她还把每天四个节目段的播音内容重新进行调整和补充，并照顾各类人群对栏目的需求。这一切，很快得到听众意见的反馈，说广播里有了让人耳目一新的感觉。

三年时间里，赵晓晓不仅让死气沉沉的广播站焕发了朝气，也让自己曾经沮丧和失落的心情得到充实。这期间，她还常常参与公司大型活动的策划，晚会报幕词的撰写，电视主持人的客串。后来的事实证明，她的这些工作也让自己多了一份立足的技能。再后来，厂报编辑退休，领导又动员她介入编辑工作，她几乎不假思索地接受了。因为编辑需要更加专业的知识。于是她开始参加北京一所院校的新闻函授学习。两年时间，她系统地学完了十二门课程。从一个版面到全部承揽，每天虽然很累，但因为不断有新的内容占据她的思维，就觉得这一天过得踏实而富有。后来企业效益不佳，机关合并，人员精减，很多人心中不安，只有她能从容面对，因为她觉得自己经历了一次失败的挫伤，对再次的挫伤具备了相应的承受力。然而，在精减的名单里她没有发现自己的名字，因为她已经成为公司里一名不可或缺的员工。

无论在什么领域，任何一个人拥有了别人不可替代或无法逾越的能力，就会使自己的地位变得十分稳固。正如一名企业家所说的，一个人拥有了别人不可替代的能力，才能使自己永远立于不败之地。具有不可替代性，就可以让自己的地位坚不可摧。

因此，成为企业里不可替代的人，并不在于你职位的高低，而是在于你必须是所从事的工作中做得最好的人。任何一位愿意在自己的职业生涯中取得成功的人，都应该懂得如何在工作中使自己能够脱颖而出，让自己变得不可替代。

第十一章　通力合作，大公司里不懂合作就无法做好工作

大公司分工精细，员工必须以实现团队目标为中心。团队的命运和利益包含了每一个成员的命运和利益，没有一个人可以使自己的命运和利益与团队相脱节。只有整个团队获得更多的利益，个人才有望得到更多的利益。因此，每个员工都应该具备团队精神，融入团队，在尽自己本职的同时，与团队其他成员协同合作。只有公司不断地发展壮大，我们自己才能有所发展。

1. 大公司不要孤胆英雄

篮球明星迈克尔·乔丹曾说："一名伟大的球星最突出的能力就是让周围的队友变得更好。"如今的时代需要英雄，更需要伟大的团队。21世纪的竞争态势已经很明显，一个伟大的团队远远胜于英雄个人的作用。在社会中，每个人或多或少都有些英雄情结，内心都会崇拜英雄或渴望成为一名英雄，然而当今社会不是个人英雄主义的年代，而是一个团队合作的时代。在大公司里，个人英雄主义是团队合作的大敌。你必须抛弃这一愚蠢的态度，否则只会使自己的事业受阻。

史蒂文不仅拥有出色的学历，而且在工作上也做出了很多

成绩，他是公司辛勤工作的典范。他总是恪尽职守，专注手头的工作，老板对他所做的工作评价也很高。按照他的才能，他早就应该晋升到更高职位了，可他现在依然在原地不动。即使是区区一个主管职位似乎也不需要他多年的学习经历，不需要他10年来兢兢业业的工作，也不需要他为了追求一个能够充分发挥才干的职位而倾注的耐心。史蒂文不明白，为什么那些能力比他差的人都得到晋升，而他的职位却一直很低，连私人办公室都没有。造成这种状况的一个很重要的原因是：史蒂文不喜欢与人合作。他只是埋头自己的工作，不喜欢和大家交流。如果团队其他成员需要他的协助，他不是拒绝就是很不情愿地参与。有时他宁可事事亲力亲为，也不向同事获取帮助。这样的孤军奋战，怎能成就大事？

一个大公司的员工，如果仗着自己比别人优秀而傲慢地拒绝合作，或者合作时不积极，总倾向于一个人孤军奋战，这是十分可惜的。他其实可以借助其他人的力量使自己更优秀。在大公司里，合作才能不断成功。因此，我们必须抛弃单枪匹马闯天下的英雄做法。只有把自己融入到整个团队之中，凭借集体的力量，才能把个人不能完成的棘手问题解决。

一家文具销售公司招聘高层管理人员。经过一轮轮的筛选，最后剩下了12名优秀的应聘者闯进了最后的面试。

公司老总在详细看过了这12个人的资料和简历之后感到非常满意，但由于这次招聘最终只能聘请其中的三个人，于是给他们出了最后一轮面试的题目。老总先把他们随机分成了A、B、C、D四个组，每组3个人。他要求A组调查当地的小学生文具市场，B组调查中学生文具市场，C组调查大学生文具市场，而D组调查职高生的文具市场。老总让这四个组的成员全力以赴地展开调查，务必使报告更加完善。最后，老总还说，为了让这次的调查不至于盲目地展开，他让秘书准备了一些相关的资料，让各位成员自己去取。

3天后，四个组的成员都如约提交了自己的调查报告。老总看过后，直接把C组的三个成员留了下来，并告诉他们，他们已经被录取了。其他三个组的成员觉得很疑惑，自己的报告做得也还算不错，为什么单单留下C组的三个人呢？于是其中一个被淘汰的应聘人员就向老总询问原因。老总笑着说，“请大家打开秘书给你们大家的资料互相仔细地看一看吧。”

原来，老总发给每个人的资料是不一样的。每组的三个人得到的资料分别是文具市场的过去、现在和未来的分析。老总说，他之所以出这样一个题目，目的主要是让大家明白，团队合作的重要性。

C组的三个成员在领到资料之后，互相借用和学习，补全了自己报告上的不足之处。而其他几个组的成员都是独来独往，各自完成了自己的报告，没有一点团队合作的精神。老总还说，一个企业，除了需要能力强的员工，更加需要一个具有团队合作精神的员工，因为团队合作才是企业立于不败之地的保证。

由此可见，具有团队合作意识是多么的重要。无论是对于员工个人的职业生涯还是对于企业的未来发展，具有团队意识的员工才是大公司真正愿意雇用的。在专业化分工越来越细、竞争日益激烈的今天，靠一个人的力量是无法面对千头万绪的工作的。一个人可以凭着自己的能力取得一定的成就，但是如果把你的能力与别人的能力结合起来，就会取得更大的令人意想不到的成就。一个哲人曾说过：你手上有一个苹果，我手上也有一个苹果，两个苹果加起来还是苹果。如果你有一种能力，我也有一种能力，两种能力加起来就不再只是两种能力了。一加一等于二，这是人人都知道的算术，可是用在人与人的团结合作上，所创造的业绩就不再是一加一等于二了，而可能是一加一等于三、等于四、等于五……团结就是力量，这是一个再浅显不过的道理了。

2.

有完美的团队才有完美的个人

世上没有十全十美的人，只有完美的团队。个人再完美，也就是一滴水；一个团队、一个优秀的团队才是大海。我们只有深刻了解到这一点，时刻把自己融入到团队中，才能成为一名优秀的员工，才能成为公司中不可替代的人才，从而才能成就自己的辉煌事业。

读过《圣经》的人都知道，摩西要算是世界上最早的教导者之一了。他懂得一个道理：有完美的团队才有个人的成功。当摩西带领以色列子孙们前往上帝许诺给他们的领地时，他的岳父杰塞罗发现摩西的工作实在繁多，如果他一直这样下去的话，人们很快就会吃苦头了。于是杰塞罗想方设法帮助摩西解决了问题。他告诉摩西将这群人分成几组。每组 1000 人，然后再将每组分成 10 个小组，每组 100 人，再将 100 人分成两组，每组各 50 人。最后，再将 50 人分成五组，每组各 10 人。然后杰塞罗又教导摩西，要他让每一组选出一位首领，而且这位首领必须负责解决本组成员所遇到的任何问题。摩西接受了建议，并吩咐那些负责 1000 人的首领，只有他们才能将那些无法解决的问题告诉给他。

自从摩西听从了杰塞罗的建议后，他就有足够的时间来处理那些真正重要的问题，而这些问题大多只有他才能解决。简单地说，杰塞罗教导摩西学会了如何领导和支配他人的艺术，运用这个方法来调动集体的智慧。

能够发现自己和别人的才能，并能为我所用的人，就等于找到了成功的力量。大公司里每个人的能力都是有限的。一个人精力再充沛，个人的能力还是有一定限度的。超过这个限度，就是人力所不及的，也就是个人的短处了。所以团队合作就显得重要了。每个人都有自己的长处，同时也有自己的短处，这就需要与人合作，用他人之长补自己之短。正如泰戈尔所言："一朵鲜花打扮不出美丽的春天，一个人的力量总是有些单薄，只有协作才能够移山填海。"

在雅典奥运会上，中国女排在冠军争夺赛中那场惊心动魄的胜利就证明了团队的巨大作用。2004 年 8 月 11 日，意大利排协技术专家卡尔罗·里西先生在观看中国女排训练后认为，中国队在奥运会上的成败很大程度上取决于赵蕊蕊。可在奥运会开始后中国女排第一次比赛中，中国女排第一主力、身高1.97米的赵蕊蕊因腿伤复发，无法上场了。媒体惊呼：中国女排的"长城"坍塌。中国女排只好一场场去拼，在小组赛中，中国队还输给了古巴队，似乎国人对女排夺冠也不抱太大希望。

然而，在最终与俄罗斯争夺冠军的决赛中，身高仅 1.82 米的张越红一记重扣穿越了 2.02 米的加莫娃的头顶，砸在地板上，宣告这场历时 2 小时零 19 分钟、出现过 50 次平局的巅峰对决的结束。经过了漫长的艰辛的 20 年以后，中国女排再次摘得奥运会金牌。

女排夺冠后，中国女排教练陈忠和放声痛哭两次。男儿有泪不轻弹，个中的艰辛，只有陈忠和和女排姑娘们最清楚。那么，中国女排凭什么战胜了那些世界强队，凭什么反败为胜战胜了俄罗斯队？陈忠和赛后说："我们没有绝对的实力去战胜对手，只能靠团队精神，靠拼搏精神去赢得胜利。用两个字来概括队员们能够反败为胜的原因，那就是'团结'。"

团队造就个人，个人成就团队，个人与团队是分不开的。没有团队的成功，就没有你个人的成功。个人主义在职场上是根本行不通的，作为职场中的个体，你可能会凭借自己的才能取得一定的成绩，但你绝不会取得更大的成功。如果只强调个人的力量，即使你表现得再完美，也很难创造出很高的价值。所以说"有完美的团队才有完美的个人"。这一观点被越来越多的人所认可。

井深大刚进索尼公司时，索尼还是一个只有20多人的小公司。但老板盛田昭夫却对他充满信心，老板对井深大说："我知道你是一个优秀的电子技术专家，就像好钢要用在刀刃上一样，我要把你安排在最重要的岗位上，由你来全权负责新产品的研发。希望你能发挥最大的作用，充分地调动其他人！"

面对老板的重托，井深大非常不自信地说道："我？我还很不成熟，虽然我很愿意担此重任，为公司的振兴而奋斗，但我自己毕竟不太成熟，况且刚刚从大学毕业，实在怕有负重托呀！"虽然井深大对自己的能力充满信心，但是他更清楚老板压给他的担子有多重，那绝对不是靠一个人的力量能应付过来的。

老板听到井深大的话，立刻严肃地说道："你有这种想法，说明你的思想的确不太成熟。但是你要知道，新的领域对每个人都是陌生的，只要你和大家联起手来，将众人的智慧合起来，就一定能够取得成功！"

听完老板的话，井深大一下子豁然开朗："对呀，我怎么光想着自己？不是还有20多名员工嘛，为什么不虚心向他们求教，同他们一起奋斗呢？"

于是，他找到市场部、信息部的同事了解销路不畅等相关问题。在众员工的共同努力下，他们攻克了一道道难关。终于在1954年，成功地研制出了日本最早的晶体管收音机，并成功地推向市场。索尼公司由此开始了企业发展的新纪元！

在大公司里上，单凭一个人的能力，很难取得成功。只有与人合作，凭借团队的力量，才能实现成功。常言说得好，一根筷子容易被折断，但是10根筷子却能牢牢抱成团。这句话说明了团队合作的重要性。我们每一个员工就好比是一根筷子，而一个成功的企业一定是非常具有凝聚力的一个企业。团队正好体现了这一点，因为只有一个成熟的团队，才能更好地完成任务，获得成功。独木不成林，单丝不成线。个人的力量只有在团队中才能被无限放大。这是每个人都懂得的道理。

3. 对团队负责就是对自己负责

每一个大公司都类似于一个大家庭，其中的每一位成员都仅仅是其中的一分子，只有每一个人都具备了团体工作的精神后，才能对团队的工作认真负责，对自己的人生和事业负责。例如，在一个上千人的汽车装配流水线上，只要其中有一组人的工作出现了问题，汽车便无法出厂——因为谁也不会购买有缺陷的汽车。因此，可以肯定地说，一个人的成功是建立在对团队负责的基础上的。

在大公司里，一个对自己所在团队负责的人，其实无疑是在对自己负责，因为他的生存离不开这个团队。他的利益是和团队密切相关的。好像一个水域的环境和条件，直接决定着在这一水域中的鱼类的生存状况。只要我们在这个团队中待一天，我们就应对这个团队负有一天的责任。你的团队需要你，而你自己更需要立足于你的工作，不懈地努力。

> 一位畅游南美洲的作家，曾见过这样一种奇特的景观：游客们点燃干燥的原始草丛，把一群黑压压的蚂蚁围在当中，火借着风势，逐渐蔓延。最初，受到大火袭击的蚂蚁乱成一团，但很快就恢复秩序，然后迅速扭成一团，像雪球一样朝外滚动突围。外层的蚂蚁被烧得“噼里啪啦”直响，死伤无数，但蚂蚁团仍然勇猛地向外滚动，终于突出火圈。游客们还想再烧，被作家坚决制止，作家已被这群蚂蚁的勇敢和能够团结协作维护蚂蚁群体利益的团队精神所感动。

蚂蚁尚且知道作为团队中的一员，就要团结协作、同舟共济、维护团队利益，何况我们呢！所以说，作为团队中的一名成员，就必须从团队的角度出发，树立起自己对团队工作认真负责的信念。

某大型企业的招聘会现场，由于该企业开出的条件非常丰厚，所以吸引了很多应聘者。但是最终经过层层面试与选拔，公司决定在孙小幽与林姗姗中间选一个作为基层职员，而另外一个作为中层干部。由于两个人都是通过层层选拔出来的，所以都很优秀，这很让公司为难。这时，公司其中一位负责人走过来递给面试官两张画，并说道："这是两张画，上面有一个由各种颜色的花朵组成的圆圈，还有一个单独的花朵。请你们从圆圈中挑出一朵你最喜欢的花和自己这朵花来匹配。"

听到这个面试题，两个人都惊呆了，参加了这么多场面试，可从来没有遇见过这样的面试题。于是，两个人都拿了画各自思考着拿哪一朵花和自己的花匹配，很快孙小幽从大圆圈中找到了一朵自认为和自己的画绝配的花朵，并交给了面试官和负责人；而林姗姗却拿着画迟迟挑不出来，经过了足足五分钟的时间，林姗姗最后拿着画对面试官和负责人说："实在对不起，我没法从中挑出一朵花来匹配我的花。""为什么？"面试官和负责人问道。林姗姗说："因为这些花共同围成一个圆圈，如果我拿走一朵，那么这个大圈就不完整了，所以我宁愿不要。"听着林姗姗的解释，面试官和负责人都欣慰地笑了，并伸出手说："这次招聘的人员就是你了，像你这样一个能够为了顾全大局而放弃自己利益的员工我们怎么能错过呢？"

在大公司里，对团队负责就是从大局利益和整体利益出发，而不计较个人的得失。那么对于员工来说，什么是大局呢？当然是公司的利益。为什么公司的利益就是大局呢？因为公司就像一个大家庭，员工就是这个家庭的成员，公司的利益大了，员工的利益也就大了。公司的利益和员工的利益是紧密相连的，只有顾全大局、保障公司的利益，才能在此基础上实现个人的利益；相反，在工作上时时处处从自身的利益出发，置公司的利益于不顾，自然不会得到领导的重用。这也就是孙小幽也许能力并不比林姗姗弱，却在竞争中输给林姗姗的原因所在。

在美国，一位教授曾对 1500 名获得了杰出成就的人物进行调查和研究，结果表明他们具有某些相似的特点，其中之一就是具有团队合作精神，决不因个人利益而破坏集体利益。对于公司来说，一个没有对团队负责精神的员工，就像一颗不定时的炸弹，随时都可能给公司带来危害。

刘坤是一家公司的员工，平时对待工作都很认真，也很努力，甚至能将公司当成是自己的家，对公司尽心尽力，为公司的发展积极献计献策。因此，刘坤很得上司的欢心，也渐渐从一个小职员成长为了公司的中层管理人员。但是，最近公司进行重新调整，鉴于发展的需要，公司的高层决定撤销刘坤所负责的部门。这件事情传到刘坤耳朵里之后，刘坤非常不满意，认为这样会影响到自己的利益，况且自己曾经给公司立下了汗马功劳。于是，为了反抗公司的决定，刘坤逐渐改变了工作的态度，渐渐地变得消极起来。为此，老板找他进行了几次谈话，希望他能够站在公司的角度上想一想，但刘坤始终没有改变自己的态度，最后上司忍无可忍，解雇了刘坤。

工作中，不顾全公司大局的员工永远不会得到公司的青睐。刘坤就是一个例子，本来公司撤销他所在的部门，是鉴于公司发展前途来考虑的，而他却因为触动了自己的利益而消极怠工，影响到公司的整体利益，最终当然不可避免地被开除了。所以说，对团队负责，才能对自己负责。假如每个人仅考虑个人的利益，而忽视了团队的利益，不与团队中的成员真诚合作，那么团队的利益和每个人的利益都将不保。

4. 成功在于合作，要培养自己的团队精神

现在无论是媒体，还是企业，都在谈“团队合作”“团队精神”，但究竟什么是“团队精神”呢？团队精神反映的就是一个人与别人合作的精神和能力。没有人是万能的，合作才能成就卓越。在大公司里，作为团队中的一分子，我们唯有彼此扶持、彼此帮助，才能最终实现个人前途与企业共同发展的“双赢”。

在德国柏林东南部有一个德军战俘营。为了逃脱纳粹的魔爪，250 多名战俘准备越狱。在纳粹的严密控制之下实施越狱计划，要求每个战俘最大限度地合作，才能确保成功。为此，他们进行了明确的分工。

越狱是一件非常复杂的事。首先要挖地道，而挖地道和隐藏地道极为困难。战俘们一起设计地道，动工挖土，拆下床板、木条支撑地道。处理湿泥土的方式更加令人惊叹，他们用自制的风箱给地道通风吹干泥土。他们还制作了在坑道运土的轨道和手推车，在狭窄的坑道里铺上了照明电线。所动用的工具和材料之多令人难以置信：5000 张床板、1250 根木条、2100 个篮子、71 张长桌子、5180 把刀、60 把铁锹、700 英尺绳子、2000 英尺电线，还有许多其他的东西。为了寻找和弄到这些东西，他们绞尽脑汁。此外，每个人还需要普通的衣服、纳粹通行证和身份证以及地图、指南针和干粮等一切可以用得上的东西。担任此项任务的战俘不断弄来任何可能有用的东西，其他人则有步骤、坚持不懈地贿赂甚至讹诈看守。

每人都有各自明确的分工。做裁缝，做铁匠，当扒手，伪造证件，他们日复一日地秘密工作，甚至组织了一支掩护队，分散德国哨兵的注意力。纳粹雇用了许多秘密看守，混入战俘营，专门防止越狱，所以掩护队还要负责“安全问题”。掩护队监视每个秘密看守，一旦有看守接近，就悄悄地发信号给其他战俘、岗哨和工程队员。

这一切工作，由于众人的密切协作，在一年多的时间内竟然躲过了纳粹的严密监视。他们成功地完成了这一切，最终获得了自由。

这次惊心动魄的“大逃亡”，可谓是团队协作的完美典范，此次活动任务之艰巨，涉及范围之广，令人难以想象。没有团队精神，个人工作干得再好也没用。只有团结协作、齐心协力才能最终成功。在大公司里，一项工作任务的成功执行，往往涉及方方面面，需要每一环节的人员积极配合，单靠个人的力量不可能独立完成，也不可能只凭个人的力量来大幅度地提升企业的竞争力，每个人所能实现的仅仅是企业整体目标的一小部分。因此，团队协同和完美配合已成为企业赢得竞争胜利的必要条件，只有依靠团队的力量，才能把个人的愿望和团队的目标结合起来，超越个体的局限，发挥集体的协作作用，产生 $1+1>2$ 的效果。

亨利是一家营销公司的一名营销员。他所在的部门曾经因为团队精神而创造过奇迹，而且部门中每一个人的业务成绩都特别突出。后来，这种和谐而又融洽的合作氛围被亨利破坏了。原来，公司的高层把一项重要的项目安排给亨利所在的部门，亨利的主管反复斟酌考虑，犹豫不决，最终没有拿出一个可行的工作方案。而亨利则认为自己对这个项目有十分周详而又容易操作的方案。为了表现自己，他没有与主管商量，更没有贡献出自己的方案，而是越过主管，直接向总经理说明自己愿意承担这项任务，并提出了可行性方案。他的这种做法严重地伤害了部门主管，破坏了团队精神。结果，当总经理安排他与部门经理共同操作这个项目时，两个人在工作上不能达成一致意见，产生了重大的分歧，导致团队出现分裂，项目最终流产了。

在大公司里,团队合作是个人成功的基础,团队越优秀,个人也就越成功,或者说成功的可能性更大。没有团队协作精神,个人也失去了成功的可能性。如果说企业是一部运转的大机器,那么员工就是这部机器中的一个零部件。机器运转不了,部件当然也就失去了存在的意义。换句话说,每个员工要成功,必须得保证企业的成功。"皮之不存,毛将焉附?"企业团队是第一位的,是基础,是平台,个人要依附这个平台,保护好、创建好这个平台,才有可能谈自身的发展。

小陈是一个大专学校的毕业生,刚来单位的时候,大家都对她不以为然。因为她个性大大咧咧,又不会打扮自己,还时不时地犯点小错误。连她的主管都说,这孩子脑袋不灵光。可是才过了一年,小陈就被提拔了两次,和她同时进公司的小李很不服气。他这一年来做事勤快,还带头攻克了不少难关,要说提拔怎么也该先轮到他啊。他走进了人事部的办公室,向人事部主任提出疑问。

人事部主任看出了小李的不满,就对他说:"你们都说小陈不够资格,但是我却要说她很优秀。虽然她大大咧咧的,做事也不够细心,但是她活泼开朗,常常会主动帮同事们的忙,和单位里的老前辈们也很聊得来。小陈还很年轻,工作上难免欠缺经验,但是这些都可以日后学习,她和大家相处得融洽而愉快,却是很多同龄人所无法做到的。"

在任何一家优秀的企业里,都非常推崇团队协作精神。要想获得成功,你就应该学会与人合作,而不是单独行动。因此也有人说,一个人是一条虫,两个人甚至多个人才可能是一条龙。在大公司里,善于合作会让我们的工作和事业不断向前发展。一个人只有懂得合作的重要,才能最大限度地实现个人价值,绽放出完美绚丽的人生。

5. 积极融入团队，成为公司必不可少的一员

随着竞争的日趋激烈，团队精神已经越来越为公司和个人所重视，因为这是一个团队的时代。无论是从公司发展还是从个人发展方面，你都不能脱离团队而且必须融入团队中去。

佛家有一个很著名的故事：一次释迦牟尼在给弟子们讲授佛法时，突然提出了“怎样才能让一滴水永不干涸？”这个问题，大家沉思良久，都不知如何作答，最后还是佛祖本人给出了答案：“把它放进大海里吧！”

如果从职场角度来看，这个答案恰好解释了个人与团队的关系。一滴水的单独存在微不足道，一阵风、一点阳光，甚至可能人们随手轻轻一碰，就能让它从这个世界彻底消失。可要是这滴水进入了大海，那情况就大不一样。它不仅不会干枯，更有可能借助大海的力量去创造奇迹，和大海一起掀起滔天巨浪，无所不能。

在大公司里，个人要想实现自己的目标，必须要懂得合作，并在合作中实现共赢的目的。一滴水要想不干涸的唯一办法就是融入大海，一个大公司员工要想生存的唯一选择就是融入团队。而要想在工作中快速成长，就必须依靠团队，依靠集体力量来提升自己。

刘军是一名营销专业的大学生，他不仅长得帅，而且还能说会道，口才不错。毕业后，他在一家大型健身会所当业务员。工作没多久，由于他各方面的优势，很快就做出了业绩，深得老板赏识。照理说，刘军是很有前途的，但他有个致命的缺点，就是不能和同事合作。一天，同事杜涛问刘军：“你待会儿有没有时间？我刚联系到一个客户，是个大客户，打算一次性办三年的健身卡。我怕自己口才不太好'攻'不下来，想请你帮忙，以便拿下这个客户。""我待会儿也要接待一个客户。"刘军冷冷地说。但是那天下午，刘军却一直在发传单，并没有与客户洽谈。杜涛看到后心里非常愤恨，一心想团结周围的"兄弟"们把刘军"开除"出去。

不久后，刘军也遇到了工作上的困难，因为感冒，他几天都无法接待办卡客户，便赶紧打电话请杜涛他们帮忙接待一下。杜涛想起了他以前的冷漠，便以牙还牙，而其他同事也对刘军的客户爱理不理。几天后，刘军感冒好了，回到公司后发现业绩损失很大，于是他对同事们产生了更大的怨恨，以后更加不愿意帮周围人的忙，和杜涛等人的关系一直处于紧张状态。就这样，刘军与同事之间的人际关系形成恶性循环，业绩一步步下滑。他感受不到一点快乐，每次进会所都倍感压抑，最后只得无奈地选择了离开。

刘军的"离开"，再一次印证了一个道理：不能与团队融合，就不能在职场混下去。那种只顾自己、不顾别人的员工，是不会受老板和同事的欢迎的。想要得到同事的认可、上司的欢迎，除了努力工作之外，团队精神不可或缺。如果刘军一开始就能够和同事们配合好，在杜涛需要帮助时主动帮忙，那么他的最终结果就不会那样无奈。

在大公司里，只有把自己很好地和团队融为一体，才能让自己得到最好的发展。这就好比一盘散沙，尽管它金黄发亮，也仍然没有太大的作用。但是如果建筑员工把它掺在水泥中，就能成为建造高楼大厦的水泥板和水泥墩柱；如果化工厂的员工把它烧结冷却，它就变成晶莹透明的玻璃。单个人犹如沙粒，只有与人合作，才会起到意想不到的变化，成为不可思议的有用之才。

李非是一家公司的业务骨干，他喜欢看书，看提高业务水平的书、名人传记等，但是同事们业余时间都喜欢打麻将，喜欢斗地主玩牌，喜欢炒股，喜欢上网冲浪……上下班闲来没事的时候，同事们在一起，天天谈论的是打麻将的趣事和遗憾，斗地主输赢的多少，炒股的涨跌，和网友交谈的内容，等等。李非虽然业务能力较强，也出了不少成绩，但因为和同事没有共同兴趣和爱好，也就显得郁郁寡欢，有点孤单。他想："我不可能为了不孤单就去迎合他们。"有了这样的想法，他处处流露出与同事们的不合群，大家也就渐渐地和他疏远了。

失意之下，李非开始反省自己，也许自己是傲了点，这样无形中就和同事拉开了距离。仔细分析人和事之后，他渐渐开始明白，每个同事都有自己可学习的地方，自己又不是什么大树，只不过是一颗小石子，都是给工作铺路的。于是，李非开始有意改变自己，温和地听同事讲述身边发生的事，对同事谦和有礼。虽不迎合同事的爱好，不迎合同事的生活内容，但他明显地快乐多了、开心多了。他在包容中找到了快乐的工作之道。

有一次，李非参与公司的一项策划工作，在工作小组里大家各负其责，有的负责评估，有的负责查找资料，还有的人负责外联和写报告。大家分工合作，几天内就搞定了一份30多页的报告。报告得到了客户的首肯时，李非这才真正理解了老板常说的那句话："尽管每一个人都是最好的，合抱在一起，才会更好。"

作为大公司的一员，只有把自己融入到整个公司之中，凭借整个团队的力量，才能把自己所不能完成的棘手的问题解决好。明智且能获得成功的捷径就是充分利用团队的力量。正如IBM人力资源部经理所言："团队精神反映了一个人的素质，一个人的能力很强但团队精神不行，IBM公司也不会要这样的人。"在大公司里，一个人如果不懂得取他人之长补己之短，那么就无法得到领导的赏识。相反，如果人人都能够懂得"一滴水，只有融入大海，才永远不会枯竭"，把自己充分地融入到整个企业、整个市场的大环境当中，那么就一定能够充分发挥自己的才能，从而创造出更大的成功，实现自己的人生价值！

做一名员工，一定要深刻认识到，只有企业成功了，才有我们个人的成功。企业和员工的利益是一致的，团队的创造力、竞争力以及主动精神，才是现代企业竞争中最重要的资源。

第十二章　宽容大度，大公司里多一分宽容就少一分纷争

大公司做人要宽容。宽容是一种素质，一种情操，一种美德。宽容不是懦弱、胆怯，而是大度与包容。宽容是对他人的最大鼓励和尊重。每一个人宽容一点，大度一点，我们的生活就会更为精彩、和谐和美好！学会宽容，你将活得更美好，人生更有意义。

1. 大公司里要有大气度

何谓“大气度”？就是宽容大度。宽容大度不仅是一种境界，也是一种修养，更是一种美德。在大公司里，做人必须要有大气度。提高一个人的气度，就是提高一个人的素质修养。人生在世，无论你从事哪个职业，如果没有气度或缺乏气度，其结果只能是碌碌无为的平庸一生。大凡有大成就的成功者，都与他们的大气度息息相关，这是不争的事实。

在大公司里，一个有气度的人，自信而从容，威严而深沉，刚毅坚韧中不失大度宽容，从容沉稳中又见气定神闲；一个有气度的人，会把逆境和顺境都当成是生活中必须走过的路，从而会付出同样的努力，在身处逆境时不怨天尤人，在身处顺境时处之泰然。可以说，人因气度而伟岸。一个有气度的人，一定是有远大抱负的人，一定是一个懂得宽容的人。

王海和李磊是同一家公司的两位员工。最近，公司有一个部门经理的位置空出来了，很多人都在竞争这个职位，其中王海和李磊的实力最强，虽然王海更有能力，但是李磊和老板是亲戚，所以由李磊出任这个经理职位。同事们都为王海打抱不平，但是王海却说李磊有很多优点，能力也很强，而且还主动向李磊表示祝贺。王海的这种态度让李磊很感动，在一年后的考核中，王海是部门中成绩最高的，并因此而获得了出国培训的机会。

争强好胜之心，人皆有之，难得的是摆正对待输赢的心态，胜者固然可喜，败者也无须垂头丧气，从竞争中找出差距与不足，从而在下次竞争中力争取胜才是正途。王海以宽容之心对待同事李磊的升职，这是大气度的做法，如果他在得知李磊当上了部门经理后，就到处抱怨，甚至是找上司讨说法，那样只会鼻子碰灰，自讨没趣。员工的大气度是一种情怀，一种担当，更是一种境界！在大公司里，人与人之间需要宽容、需要理解。宽容是催化剂，可以消除隔阂，减少误会，化解矛盾；宽容是润滑剂，能调节关系，减少摩擦，避免碰撞；宽容是清新剂，会令人感到舒适，感到温馨，感到自信，感到世界的美。

在莎士比亚的戏剧《威尼斯商人》中有这样一句台词：“宽容是上天的细雨滋润着大地，它赐福于宽容的人，也赐福于被宽容的人。”的确，宽容是我们每个人再熟悉不过的词，也是一个人走向成功必须具备的心理品质。

在著名歌唱家帕瓦罗蒂 30 岁那年的初夏，应邀来到法国里昂参加一个演唱会。因为他提前一天赶到了里昂，晚上就在歌剧院附近的一个小旅馆里住了下来。由于旅途劳累，为了不影响第二天的演出，帕瓦罗蒂便提早睡了。可是睡了没多久，他就被隔壁房间传来的婴儿的啼哭声吵醒了。他本以为孩子哭几声就会停止，可没想到，那孩子好像专门和他作对似的，竟然一直啼哭不止。帕瓦罗蒂用被子蒙住了自己的头，可那哭声却仿佛是具有魔法的歌声，颇具穿透力，不停地在他耳畔萦绕，这怎能不让帕瓦罗蒂既着急又苦恼呢？就这样大概足足折腾了半个多小时，帕瓦罗蒂全然没有了睡意，但他并没有因为哭声惊扰了自己而去找孩子的父母理论，也没有因此而抱怨什么，而是披起被子开始在地上踱步，只是在心中一次次地祈祷着孩子的哭声尽快停止。然而，那孩子的哭声根本就没有停止的意思，并且还一声比一声的洪亮：这令帕瓦罗蒂眼前一亮：为什么自己唱歌唱到一个小时，嗓子就会沙哑，而这孩子的声音却依然像第一声一样的洪亮？渐渐地，他开始佩服起这个孩子来，他开始把孩子的哭声当作歌声来欣赏了，也许可以从孩子的哭声中学到不让自己的嗓子变沙哑的办法呢？

想到这里，帕瓦罗蒂立刻变得兴奋起来，他急忙回到了床上，把自己的耳朵紧贴墙壁，细心地倾听起来。很快，他就有了不同寻常的发现：这个孩子每每哭到声音快破的临界点时，就会把声音拉回来，使得声音根本就不会破裂，原因在于孩子在用丹田发音而不是用喉咙。从此，帕瓦罗蒂也开始学着用丹田发音，试着唱到最高点，依然保持跟第一声一样洪亮，就这样他练了一个晚上。在第二天的演唱会上，他以饱满洪亮的声音征服了所有观众。

试想，如果当时的帕瓦罗蒂在一怒之下就离开了所住的旅馆，或者去找孩子的父母抱怨一番，那又会是什么样的结果呢？我想，如果真的是那样的话，也许世界上就不会出现这么一位如此优秀的“男高音”了，帕瓦罗蒂可能也不会有后来的辉煌！帕瓦罗蒂的成功，正是源于他对歌唱事业的执著和宽容的生活态度，才使得他身处尴尬且苦恼境地时，没有抱怨也没有愤怒，而是放低了姿态，在宽容孩子的啼哭时把孩子当成了自己的老师，使自己从孩子的哭声中找出了演唱的真谛。

在大公司里，做人宽容能够为企业内部人员创造友好和谐的氛围，是走向成功的重要保证。世界上最宽阔的是海洋；比海洋更宽阔的是天空；比天空更宽阔的是人的心胸。心胸宽广意味着自信、自强，意味着凝聚力的增强，意味着能化干戈为玉帛。做人心胸有多宽，人生的道路就有多广。

2.

水至清则无鱼，人至察则无徒

“水至清则无鱼，人至察则无徒”这句俗话，源于《大戴礼记·子张问入官》，后人多用此告诫我们做人不要太苛刻、看问题不要过于严厉，否则，就容易使大家因害怕而不愿意与之打交道，就像水过于清澈养不住鱼儿一样。以此劝人凡事不必斤斤计较，得饶人处且饶人。在大公司里，能得饶人处且饶人，既能带来良好的人际关系，同时自己也能生活得轻松、愉快。

有位养鸡场的主人，向来讨厌传教士，因为他觉得大多传教士口上讲的是一套，实际做的又是一套。为了满足“替天行道”的正义感，养鸡场主人有事没事，总喜欢信口散布传教士的坏话。一天，有两个传教士上门，说要买只鸡。生意上门，总不好往外推吧，主人忍着不快，让他们自己去挑。这两个家伙在偌大的养鸡场中挑了半天，却拿来一只毛掉得差不多，丑陋至极的跛脚公鸡。主人奇怪得很，便问他们为什么挑这只鸡。传教士回答说：“我们想把这只鸡买回去养在修道院的院子里，告诉大家这是你的养鸡场里养出来的鸡，为你做些宣传。”主人一听就急了，连忙摇手：“不行不行！你们看这养鸡场里的鸡，哪一只不漂漂亮亮，肥肥壮壮的，就这一只不知道怎么搞得，一天到晚爱打架，才会弄成这个样子，你们拿它当代表，让大家以为我的鸡全这样，对我实在是太不公平了。”另一位传教士笑着说：“对呀，少数几个传教士行为不检点，你就以他们为代表，对我们来说，也同样太不公平了吧？”

在这个世界上，谁又能保证自己不犯一点错呢？太阳同样有黑子，如果你揪住别人的缺点不放,别人也会这样来揪你。我们身边有许多人,对于别人一些无关紧要的小错误总是纠缠不休、斤斤计较,结果弄得大家都不愉快。其实对于无关紧要的小错误我们没有必要去纠正它,放过去也无伤大雅。因为这样做不仅是为自己避免不必要的烦恼和人事纠纷,而且也顾及了别人的名誉,不给别人带来无谓的烦恼。同时体现了你做人的胸怀和度量。

人非圣贤,孰能无过。在人际交往中,产生误解和矛盾是再正常不过的事情,社会是由各种各样的人组成的,你不可能要求别人都符合自己的要求,当然也没有十全十美的人。两个不完全相同的人,中间总会有分歧。但只要心胸开阔了,就没有解决不了的难题。生活中那些能够宽容别人的人总是与成功的事业、良好的人际关系以及幸福的家庭为缘。而那些心胸狭窄,总是斤斤计较于个人利益的人,则往往与这些美好的事物失之交臂。

有一次,在全美直播火箭队与灰熊队的比赛时,前NBA球员、ABC电视网解说员斯蒂夫·科尔在提到姚明时使用了“支那人”这个词语。“支那人”是一种带有贬义、侮辱性的词语,所以,中国人在听到别人用这个词语称呼自己的时候,都会勃然大怒。不过,科尔显然并不知道这个词语的真正用法,他完全是无意之举。在知道自己使用的词汇具有侮辱性后,科尔也非常后悔,专门给姚明打了电话表示歉意。

几天后,在新闻发布会上,有记者问姚明这件事,姚明笑了笑说:“事情都已经过去了。科尔还特意打电话给我,他道歉的态度也非常诚恳。而且,我知道他并不是故意的,所以我没有必要去计较别人的无心之过。”

姚明用自己的一番话化解了一次可能引起纠纷的事件,更体现出了他的宽容和大度,同时他的胸怀也赢得了别人对他的尊重。火箭队前主帅范甘迪评价说:“姚明是一个非常好的人,很容易相处。”姚明的不计较在NBA甚至引起了“不满”。有一场比赛,黄蜂队的“摇摆人”梅森猛推姚明,而且还一而再、再而三地侵犯姚明。许多队友都对姚明说:“用你的大肘子,给那家伙一下,他就老实了。"姚明听后笑而不语。上场之后,他反而友好地拍拍对手的肩膀。比赛完了之后,队友们都纷纷"质问"姚明:"干吗对那家伙那么客气?"

姚明说:"这是比赛,大家都是为了赢球,偶尔受到别人的侵犯也是正常的事情,我没有必要计较别人的不礼貌,那样就等于用别人的错误惩罚自己。"队友们听了姚明的话,都对这个来自中国、讲究宽大为怀的大个子产生了敬意。

你不可能喜欢每一个人,也无法让所有人喜欢。在现实生活中,很多人对自己不喜欢的人嗤之以鼻或敬而远之,这种做法其实是过于偏颇的行为,势必对人际关系和事业发展造成不利的影响。如果你想获得更多的朋友,就不要过于苛求完美。成功的处世之道在于做人豁达而不拘小节,大处着眼而不计较小错。

因此,在大公司里,做人就不能太认真更不能较真。在大公司里与人相处要互相谅解,经常以"难得糊涂"自勉,有度量,能容人,你就会有许多朋友,相反,"明察秋毫",眼里容不下沙子,什么鸡毛蒜皮的小事都要论个是非曲直,人家就会躲你远远的。多从对方的角度设身处地的考虑和处理问题,多一些体谅和理解,就会多一些宽容,多一些和谐,多一些友谊。

3. 退一步海阔天空

"退一步海阔天空"人们常用这句话劝慰别人或告慰自己——做人要宽容。在大公司里,每个人都是一个独立的个体,任何人都不能将自己的思想、行为强加于人,而我们又必须在同一片天空下生活,要和谐共处就必须要学会宽容。

央视采访著名学者易中天的时候问了他这样一个问题:"好多人对你有异议,你介意吗?"易中天的回答出人意料却又在情理之中,他说:"若是厦门刮台风你说我介意吗，我介意也会发生，我不介意也会发生，这根本就不是我介不介意的问题！”是啊，好多事情它不是人为所能控制的，是必然的，既然它发生了，我们就应该从容面对，而不应该自怨自艾甚至破口大骂或者大打出手，与别人争得头破血流。

杨玢是宋朝尚书，年纪大了便退休居家，无忧无虑地安度晚年。他家住宅宽敞、舒适，家族人丁兴旺。有一天，他在书桌旁，正要拿起《庄子》来读，他的几个侄子跑进来，大声说：“不好了，我们家的旧宅被邻居侵占了一大半，不能饶他！”

杨玢听后，问：“不要急，慢慢说，他们家侵占了我们家的旧宅地……”“是的。”侄子们回答。

杨玢又问：“他们家的宅子大还是我们家的宅子大？”侄子们不知其意，说：“当然是我们家宅子大。”

杨玢又问：“他们占些旧宅地，于我们有何影响？”侄子们说：“没有什么大影响，虽无影响，但他们不讲理，就不应该放过他们！”杨玢笑了。

过了一会儿，杨玢指着窗外落叶，问他们：“那树叶长在树上时，那枝条是属于它的，秋天树叶枯黄了落在地上，这时树叶怎么想？”他们不明白含义。杨玢干脆说：“我这么大岁数，总有一天要死的，你们也有老的一天，也有要死的一天。争那一点点宅地对你们有什么用？”他们现在明白了杨玢讲的道理，说：“我们原本要告他们，状子都写好了。”

侄子呈上状子，他看后，拿起笔在状子上写了四句话：“四邻侵我我从伊，毕竟须思未有时。试上含光殿基望，秋风衰草正离离。”

写罢，他再次对侄子们说：“我的意思是在私利上要看透一些，遇事都要退一步，不必斤斤计较。”

“退一步海阔天空”是人生的一种态度。“退”，可以让我们懂得更多，得到更多。在大公司里，我们提倡积极进取的心态，但是在有的时候，退一步，你会发现海阔天空。这，也是一种积极心态。就像我们不可能让世界上的每一个人都满意一样，我们的生活不可能处处都是鲜花，我们的成功之路也不可能一帆风顺，我们也不可能事事都比别人强。那么，在我们的人生不是一帆风顺的时候，在我们的人生出现一些挫折的时候，在我们的面前不都是鲜花的时候，我们该怎么办？这时候，不妨后退一步，你会发现人生照样美好，天空依然晴朗，世界仍旧是那么美丽。

天刚破晓，朱友峰居士就兴冲冲地抱着一束鲜花和供果，赶到大佛寺想参加寺院的早课。可是，刚踏进大殿，迎面就跑出一个人，正好与朱友峰撞了个满怀，将他捧着的水果撞翻在地。朱友峰看着满地的水果忍不住叫起来："你看！把我的水果全部撞翻了，你打算怎么办啊？"那个人名叫李南山，他非常不满地说："撞翻已经撞翻，顶多说一声对不起就够了，你干吗那么凶啊？"

朱友峰十分生气："你这是什么态度啊？自己错了还要怪人吗？"接下来，两个人互相咒骂起来，互相指责的声音很大。

广悟禅师正好经过这里问明原委后，说："莽撞的行为是不应该的，但是不肯接受别人的道歉也是不对的，这都是愚蠢不堪的行为。能坦诚承认自己的过失及接受别人的道歉，才是智者的举止。"

停了片刻，广悟禅师又说："我们生活在这个世界上，必须协调的生活层面的事情太多了，比如在社会上，我们需要与亲族、朋友取得协调；在经济上，我们需要量入为出；在家庭里，我们需要培养夫妻、亲子的感情；在健康上，我们又需要身体健全；在精神上，我们还需要选择自己的生活方式，只有如此才不会辜负我们可贵的生命。想想看，我们有这么多需要协调的事情，为了一点小事，一大早就破坏了一片虔诚的心境，值得吗？"

听到这里，李南山说："禅师！我错了，我实在太冒失了。"说着便转向朱友峰说："请接受我至诚的道歉！我实在太愚痴了！"

朱友峰也由衷地说："我也有不对的地方，不该为一点小事就大发脾气，实在是太幼稚了！"

忍一时风平浪静，退一步海阔天空。许多时候，为了一点小事而与人动怒，只会徒然耗费自己的时间精力。因此，有时候容忍不是软弱的表现，而是为了更好地前进和发展。退让实际上是一种内敛的态度，一种豁达的品性，更是一种智者的风范。

人生在世，不如意的事情肯定会有，因为世界毕竟不是你一个人的世界，造物主尽量要公平一些，不可能把所有的好事都摊到你的头上，也要适当考验考验你，看看你在不顺的时间会是一种什么样子。如果你反应过激，他还会继续考验你，直到你能以一种平和的心态去看待、对待一时的不顺或者挫折。以一种平和的心态去看待人生的不顺和挫折，并非是一种消极的心态。有时候，你后退一步，寻找到一种海阔天空的人生境界，这也是一种积极的心态。起码，你认识了生活，认识到人生不会一帆风顺，然后，被迫去学习在遇到不顺和挫折的时候，去怎样对待人生，对待挫折，对待你自己。

4. 吃亏是一种投资

在大公司里，能吃亏是做人的一种境界，会吃亏是处事的一种睿智。能够吃亏的人，往往是一生平安，幸福坦然。不能吃亏的人，在是非纷争中斤斤计较，这种心理会蒙蔽他的双眼，势必要遭受更大的灾难，最终失去得反而更多。

据说有个砂石老板，没有文化，也绝对没有背景，但生意却出奇的好，而且历经多年，长盛不衰。说起来他的秘诀也很简单，就是与每个合作者分利的时候，他都只拿小头，把大头让给对方。如此一来，凡是与他合作过一次的人，都愿意与他继续合作，而且还会介绍一些朋友，再扩大到朋友的朋友，也都成了他的客户。人人都说他好，因为他只拿小头，但所有人的小头集中起来，就成了最大的大头，他才是真正的赢家。

吃亏是一种投资，因为人都有趋利的本性，你吃点亏，让别人得利，就能最大限度调动别人的积极性，使你的事业兴旺发达。但现实生活中，能够主动吃亏的人实在太少，这并不仅仅因为人性的弱点，很难拒绝摆在面前本来就该你拿的那一份，还因为大多数人缺乏高瞻远瞩的战略眼光，不能舍眼前小利而争取长远的大利。在我们许多人的眼睛里，把“吃亏”看作是蠢人的行为，其实很多时候，我们的判断都是错误的，一些“亏”只不过是事情的表象而已。

中国古代东海地方有个姓钱的老翁，他发家后要在城里买一处房产。有人对他说：“某处有所房子，已议好了七百两银子的价码，很快就售出了，您抓紧时机去把它买下来吧。”钱翁看了房子，决定出一千两银子与房主成交。

钱家的人都不理解，说：“已议好价为七百两银子，骤然增加三百两，这值得吗？”钱翁笑道：“这里面自有道理。我们原是小户人家，房主避开众多的买主而售给我们，不多付些钱，会使其他买主有怨言。况且房主也会觉得不合算，心存芥蒂。而现在我以一千两银子买下价值七百两银子的房子，既堵住了其他买主的口，使他们觉得无利可图，又使房主感到不吃亏。从此以后，这房产就可以作为我们钱家的产业而永无后患了。”钱翁买了这所房子一年后，市场整体房价上涨了一倍有余，其他的房子买主都因为卖主觉得价亏而事后要补贴，或又转手再卖，造成了很多纠纷。唯有钱家房子住得十分安稳。

这个故事中，钱翁用三百两银子买下房产的安定。从表面上看，钱翁是吃亏了，但正是由于吃了这个亏才避免了事态向不利的方向发展。正所谓吃亏是一种投资。如今学习钱翁的做法也很有现实意义。

吃亏是一种投资，单从字义上理解，肯定以为这是傻子的理论。吃了亏不发怒，不伺机报复已是不错了，还要让你认定是一种投资。乍一听说不过去。其实强调吃亏是一种投资，在这里讲究的是吃小亏，避免大亏。小亏者，眼前一时的，不会有严重后果的损失；而大亏者，乃是长远的，在今后的发展中不可挽回的损失。小亏，我们往往能一目了然；大亏，如果不是静下心来我们往往是看不到的。所以“吃亏是一种投资”中所说的亏指的就是小亏，眼前的一点点小损失，小代价。

有个男同事在传授他的“追女心得”时说，该花的钱一定要花，短期看来是吃亏了，但这属于一种长期“投资”行为，如果那人成了自己老婆，好日子在后边呢！经常在大街上看到帅哥领着一个相貌平平的女孩，同样美女的男朋友也大多是像“郭靖”一类的小伙。因为帅哥美女经常被人追捧，性高气傲，谁也不肯自己先“吃亏”去追求对方，自然就被别人钻了空子。看来恋爱的时候，“适当的吃亏可以得到自己心仪的人”。

大公司偏爱能吃亏的人。吃亏是一种投资，成功往往就隐藏在其中。俗话说“占小便宜吃大亏”，说的正是贪图小利反而得不偿失的道理；而“吃小亏占大便宜”，说的正是有舍必有得，舍得小利才能有大益。佛家讲究舍得；要得必先舍，而那些不怕吃亏，不与他人计较，自愿舍弃的人，往往是大智若愚的人。

明朝苏州城里有位尤老翁，开了间典当铺。一年年关前夕，尤老翁在里间屋盘账，忽然听见外面柜台有争吵声，就赶忙走了出来。原来是一个附近的穷邻居赵老头正在与伙计争吵。尤老翁一向谨守“和气生财”的信条，先将伙计训斥一通，然后再好言向赵老头赔不是。

可是赵老头板着的面孔不见一丝和缓之色，靠在一边柜台上一句话也不说。挨了骂的伙计悄声对老板诉苦：“老爷，这个赵老头蛮不讲理。他前些日子当了衣服，现在，他说过年要穿，一定要取回去，可是他又不还当衣服的钱，我刚一解释，他就破口大骂，这事不能怪我呀！”

尤老翁点点头，打发这个伙计去照料别的生意，自己过去请赵老头到桌边坐下，语气恳切地对他说："老人家，我知道你的来意，过年了，总想有身儿体面点的衣服穿。这是小事一桩，大家是抬头不见低头见的熟人，什么事都好商量，何必与伙计一般见识呢？你老就消消气吧。"

尤老翁不等赵老头开口辩解，马上吩咐另一个伙计查一下账，从赵老头典当的衣物中找四五件冬衣来。然后，尤老翁指着这几件衣服说："这件棉袍是你冬天里不可缺少的衣服，这件罩袍你拜年时用得着，这三件棉衣孩子们也是要穿的。这些你先拿回去吧，其余的衣物不是急用的，可以先放在这里。"赵老头似乎一点儿也不领情，拿起衣服，连个招呼都不打，就急匆匆地走了。尤老翁并不在意，仍然含笑拱手将赵老头送出了大门。

没想到，当天夜里赵老头竟然死在另一位开店的街坊家中。赵老头的亲属乘机控告那位街坊逼死了赵老头，与他打了好几年官司。最后，那位街坊被拖得筋疲力尽，花了一大笔银子才将此事摆平。

事情真相很快透露了出来，原来赵老头因为负债累累，家产典当一空后走投无路，就预先服了毒，来到尤老翁的当铺吵闹寻事，想以死来敲诈钱财。没想到尤老翁一忍再忍，明显吃亏也不与他计较，赵老头觉得坑这样的人即使到了阴曹地府也要下地狱，只好赶快撤走，在毒性发作之前又选择了另外的一家。

事后，有人问尤老翁凭什么料到赵老头会有以死进行讹诈的这一手，从而忍耐让步，避过了一场几乎难以躲过的灾祸。

尤老翁说："我并没有想到赵老头会走到这条绝路上去。我只是根据常理推测，若是有人无理取闹，那他必然有所凭仗。在我当伙计的时候，我爹就常对我说：'天大的事，忍一忍也就过去了。'如果我们在小事情上不忍让，那么很可能就会变成大的灾祸。"

当然，吃亏是一种投资，但是吃亏也是有技巧的，不是随便地吃哑巴亏。会吃亏的人，亏吃在明处，便宜占在暗处，让你被占了便宜还感激不尽，这也是做人的一种智慧。在大公司里，我们不妨为自己多做一点"投资”，多一点“吃亏”，说不定这就是未来的福气，能为我们的命运带来转机。

5. 拿得起，放得下

在大公司里，做人做事要拿得起，放得下。什么是拿得起，放得下呢？其实答案很简单，究其本质其实就是人生的一种选择。对于有些事，无论拿起来有多大困难，也要把它拿起来并进行下去，但妨碍我们前进的，无论多么难以割舍，也要彻底放下。拿得起，放得下，其实就是一种做人的哲学！

拿得起，需要拥有一双智慧的眼睛，需要做情绪的主人，需要拥有绝对的自信，需要装备智慧和勇气。一个人在处世中，拿得起是一种勇气，对于人生道路上的鲜花、掌声，有处世经验的人大多能等闲视之；放得下，更是一种超然物外的心态，对于坎坷与泥泞，能坦然面对，并积极应对，可算是人生最高的境界。

在印度热带丛林里，人们用一种奇特的狩猎方式捕捉猴子：在一个固定的小木盒子里面装上猴子爱吃的坚果，盒上开一个小口，刚好够猴子的前爪伸进去。猴子一旦抓住坚果，爪子就抽不出来了。人们常常用这种方式捉到猴子，因为猴子有一种习性：不肯放下已经到手的东西。

我们一定会嘲笑猴子很蠢，松开爪子不就溜之大吉了吗？但想想我们自己，看看一些身边人，也许你会发现，人也会犯猴子那样的错误。我们常说一个人要拿得起，放得下，而在付诸行动时，“拿得起”容易，“放得下"很难。

俄国作家托尔斯泰写过一则短篇故事:有个农夫,每天早出晚归地耕种一小片贫瘠的土地,但收成很少。一位天使可怜农夫的境遇,就对农夫说,只要他能不断往前跑,他跑过的所有地方,不管多大,那些土地就全部归他所有。

于是,农夫兴奋地向前跑,一直跑、一直不停地跑!跑累了,想停下来休息,然而,一想到家里的妻子、儿女,都需要更大的土地来耕作来赚钱啊,所以,他又拼命地再往前跑!真的累了,农夫上气不接下气,实在跑不动了!

这时,农夫又想到将来年纪大了,可能乏人照顾、需要钱,就再打起精神,不顾气喘不已的身子,再奋力地向前跑!

最后,他体力不支,"咚"地倒在了地上,累死了!

大千世界,万种诱惑,什么都想要,会累死你,"无欲则刚",该放就放,则是人生最宝贵的经验。生活并不是一帆风顺的,很多时候我们需要学会放手,放手不代表对生活的失职,它也是人生中的契机。然而学会放手要比学会拿起更难得,因为那需要更多的勇气。

人生有拿得起也有放得下,这是一种选择。面对选择,坚持是一种意志的体现,但是不是放弃就意味着输掉或者失败呢?不是!其实敢于放弃也是一种超人的智慧。该放弃时,就要勇敢地放弃。放弃不是懦夫的行为,而是一种明智的选择。

华裔科学家、诺贝尔奖获得者杨振宁的成功,就是他勇于选择、敢于放弃的结果。"物理学的本质是一门实验科学,没有科学实验,就没有科学理论。"杨振宁深受这种观念的影响,于1943年赴美留学,他决心做一篇成功的实验物理论文。于是,费米教授安排他和"美国氢弹之父"泰勒博士一起做理论研究,在实验室工作的近一年半中,实验室里的成员戏称杨振宁是爆破专家:"哪里有爆炸(出事故),哪里就一定有杨振宁!"杨振宁的确感觉到自己的动手能力比较差。在泰勒博士的关照下,杨振宁经过再三思考，在选择与放弃的徘徊后，终于放弃了写实验论文，把主攻方向转到理论物理学研究上。就是从放弃物理实验那时起，他踏上了物理理论之路，成了杰出的理论物理学家。

人在短暂的一生中，精力是有限的，不可能面面俱到，面对纷杂的事物，只要能得到想得到的，放弃一些对自己而言不重要的东西，这时，放弃是一种大智慧。在我们的现实生活中，也需要有一种放得下的清醒。其实，在物欲横流的今天，摆在每个人面前的诱惑实在太多，这就需要保持清醒的头脑，勇于放下。如果抓住想要的东西不放，甚至贪得无厌，就会带来无尽的压力、痛苦和不安，甚至会毁灭自己。

有一个叫秦裕的奥运会柔道金牌得主，在连续获得 203 场胜利之后却突然宣布退役，而那时他才 28 岁，因此引起很多人的猜测，以为他出了什么问题。其实不然，泰裕是明智的，因为他感觉到自己运动的巅峰状态已是明日黄花而以往那种求胜的意志也迅速落潮，这才主动宣布撤退，去当了教练。应该说，泰裕的选择虽然若有所失，甚至有些无奈，然而，从长远来看，却也是一种如释重负、坦然平和的选择，比起那种硬充好汉者来说，他是英雄，因为他毕竟是消失于人生最高处的亮点上，给世人留下的毕竟是一个微笑。

在大公司里，能够放弃是一种跨越，学会适当放弃，你就具备了成功者的素质。古语说："宠辱不惊，看庭前花开花落；去留无意，望天上云卷云舒。"这句话就道出了"放得下"的快乐，而作为现代人，我们为何不像他们一样，学会"放下"来给自己增加点人生的弹性，你将会在生活中少一分烦恼，多一分快乐。

人生是复杂的，有时又很简单，甚至简单到只有拿得起和放得下。应该拿得起的完全可以理直气壮，不该取得的则毅然放下。人生是由一个个选择组成的，每一个选择都关系着我们人生的走向，如果在面临每一次地拿起与放下时，都能做到不后悔、不放弃，那么我们的人生也就多了许多的快乐与幸福。

结束语：无论在哪里，都要会做人会工作

会做人会工作，在职场里就是做人做事有水平，有技巧。在职场里，想学会做人学会工作，最稳当的做法就是仔细观察那些成功者，研究出他们所奉行的准则，然后自己身体力行。一个人不管有多聪明，多能干，背景条件有多好，如果不懂得如何去做人、做事，那么他最终的结局肯定是失败。

良宽禅师终生修行修禅，从来没有懈怠过一天，他的品行远近闻名，人人敬佩。但他年老的时候，家乡传来一则消息，说禅师的外甥不务正业，吃喝嫖赌，五毒俱全，快要倾家荡产了，而且经常危害乡里，家乡父老都希望这位禅师舅舅能大发慈悲，救救外甥，劝他回头，重新做人。良宽禅师听到消息后大感惊讶，他虽然很多年没有见过这个外甥，但却知道这个外甥自幼苦读，学识颇深，不知缘何却没有在书本中学到些许做人做事的道理。

禅师不辞辛劳，立即往家乡赶。他风雨兼程，走了半个月的时间，终于回到了家乡。这位外甥久闻舅舅的大名，心想以后可以在狐朋狗友面前吹嘘一番了，因此也非常高兴，并且特意留舅舅过夜。家人也很高兴，心想禅师可以好好地规劝一下这个浪荡子了。外甥却寻思，舅舅虽然名气很大，但如果他对我说教，我可要好好捉弄他一下，煞一煞他的威风。令人深感意外的是，晚上，良宽禅师在俗家床上坐禅坐了一夜，并没有劝说什么。外甥不知道舅舅葫芦里卖的是什么药，惴惴不安地勉强熬到天亮。禅师睁开眼睛，要穿上草鞋，下床离去。他弯下腰，又直起腰，不经意地回头对他的外甥说："我想我真的老了，两手发直，穿鞋都很困难，可否请你帮把我草鞋带子系上？"

外甥非常高兴地照办了，良宽禅师慈祥地说："谢谢你了！年轻真好啊，你看，人老的时候，就什么能力都没有了，可不像年轻的时候，想做什么就做什么。你要好好保重自己，趁年轻的时候，把人做好，把事业的基础打好啊，不然等到老了，可就什么都

来不及了!”

禅师说完这句话后,掉头就走。但就从那一天起,他的外甥再也不花天酒地地去浪荡了,而是改邪归正,努力工作,像换了个人似的。良宽禅师并没有用什么大道理规劝外甥,其实,那些说教的言语想必他的外甥也很清楚,只是他并没有在做人时照着实行而已。

做人的基本要求是正直、善良、诚实、守信。做一个对社会有用的人。如何做人,不仅体现了一个人的智慧,也体现了一个人的修养。在职场里,我们必须先学会做人才能做好事、做成事。

在职场里,会工作就是会做事,做事的基本要求就是认真地对待工作。一个员工能不能做好工作,要看他对待工作的态度。工作时间一心工作不去想一些与工作无关的事,说一些与工作无关的话。工作中讲究工作效率,工作方法。合理安排工作时间,做工作的主人。只有认认真真地去做好每一件事,将工作处理得尽善尽美,稳步地向高处迈进,才能做成事。

世界上有许多人之所以一事无成,就是常常在做人做事两个方面犯低级的错误。从表面上看,做人做事似乎很简单,有谁不会呢?其实不然,比如说你当一名教师,你的主观愿望是当好教师,但事实上却不受学生欢迎;你去做生意,你的主观愿望是赚大钱,可偏偏就赔了本。抛开这些表层现象,去发掘问题的症结,你就会发现做人做事的确是一门很难掌握的学问。要掌握这门学问,抓住其本质,就必须对现实生活加以提炼总结,得出一些具有普遍意义的规律来,才能有章可循。

无论在哪里,想要成功都要学会做人做事的技巧,这是自古不变的道理。但在工作和生活中,一定要先做人,后做事。会做人的人一定会做事,做事的目的是为了更好地做人。会做事的人不一定会做人,并且常常因只知做事不会做人而遭殃。要想被人重视,就不能只顾做事,必须在会做事的基础上学会做人,而且一定要把会做事当成会做人的手段或途径,只有这样,一个人在社会上才会无往而不胜。所以,想做事首先要学会做人。只要把人做好了,事情自然就好做了,成功也就自然而然,顺理成章。愿你也做一个会做人会工作的人。